영어책 1천 권의 힘

영어 실력부터 공부 자신감까지 한 번에 끌어올리는

영어책
1천 권의 힘

강은미 지음

유노
라이프
LIFE

가장 빠르고 재밌게
영어를 배우는 법

2006년 미국 유학길에 오른 남편을 따라 온 가족이 생면부지의 땅 미국으로 건너가게 되었다. 미국만 가면 아이들이 영어를 잘하게 될 줄 알았는데, 막상 미국에 가니 오히려 더 겁을 먹고 두려움에 사로잡혔다. 게다가 미국인은 영어가 서툰 외국인과 대화하는 것을 꺼렸다. 영어를 배우기 위해 개인 교사를 모셔야 할 상황이었다.

'영어의 나라' 미국에 와서 영어 과외를 받아야 하다니. 우리가 처한 상황을 받아들일 수가 없었다. 그래서 어떻게 하면 아이들이 영어를 빨리 익힐 수 있을까 고민했고, 영어 학습에 관한 자료들을 섭렵하다가 책 읽기로 영어를 배우면 빨리 배울 수 있다는 사실을 알게 되었다. 그때부터 두 아이와 함께 도서관에 있는 책을 모두 읽겠다는 거대한 포부를 가지고 영어책 읽기 프로젝트를 시작했다.

학교가 끝나면 두 아이를 데리고 도서관으로 향했고, 도서관 한 모퉁이에서 낮은 목소리로 동화책을 읽어 주었다. 그리고 집에 돌아올 때는 책과 CD, DVD를 빌려 가방 가득 담아 왔다. 처음에는 책 읽기의 효과가 그다지 눈에 띄게 나타나는 것 같지는 않았다. 하지만 6개월 정도 지속하자 서서히 결과가 나타나기 시작했다. 시간이 흐름에 따라 아이들의 영어 학습 속도가 가속도를 탔고, 그뿐만 아니라 영어 이외에 다른 모든 학과목에서도 성과가 나타났다.

15년간 경험한 영어책 1천 권 읽기의 힘

비단 우리 아이만의 이야기가 아니다. 영어책 읽기의 효과는 다른 아이들에게도 그대로 나타났다. 미국에 체류할 때 주변에 있는 조기 유학생들의 영어 공부를 보살필 기회가 많이 있었다.

나는 우리 아이에게 했던 대로 학교 교과서 외에 도서관 책 읽기를 동시에 병행하도록 지도해 주었다. 그러자 이 아이들 역시 빠른 시간 안에 좋은 성과를 만들어 내는 것을 볼 수 있었다.

남편의 유학을 마치고 한국에 돌아와서 아이들에게 영어를 가르칠 때도 미국에서와 똑같은 경험을 했다. 학교에서 배우는 교과서나 학원에서 사용하는 코스북 외에 영어책 읽기를 병행하면 아이들은 영어뿐 아니라 모든 면에서 빠르게 성장하는 것을 볼 수 있었다.

지난 15년간 미국과 한국에서 많은 아이들의 영어를 지도하면서 나의 확신은 분명해졌다. 아이가 영어책을 읽으며 영어를 배우면 영어를 즐겁게 습득할 수 있으며, 더 나아가 책 자체가 가진 여러 가지 장점들이 아이의 공부 그릇도 함께 키워 준다는 것이다. 이와 같은 확신은 초등 리딩 전문 어학원을 시작하는 데 바탕이 되었다.

책 읽기로 영어를 가르친다고 하면 많은 부모님은 걱정부터 앞서기 마련이다. 책 읽기로 영어를 배우면, 영어의 영역들 가운데 오로지 읽기 능력만 향상되고 나머지 영역은 소홀해지지 않을까 하는 걱정이다. 그러나 이런 걱정은 책 읽기가 주는 혜택을 모르기 때문에 갖는 기우에 불과하다.

영어책 읽기를 통해 영어를 배우면, 우선 아이들은 영어를 '시험 과목', '억지로 수십 개의 단어를 외워야 하는 과목'으로 생각하지 않는다. 오히려 책 속에 담긴 이야기를 재밌게 읽는 과정에서 저절로 영어를 습득하게 된다. 그리고 자신이 읽은 책에 대한 느낌을 친구들 앞에서 이야기하다 보면 말하기 실력이 늘고, 원어민의 발음을 들으며 한 줄 한 줄 따라 읽다 보면 듣기 능력도 발달하게 된다.

또한 영어책 읽기에는 책을 읽기 전에는 주제와 관련된 글쓰기를 하고 책을 읽은 후에는 책 내용을 요약해서 영어로 쓰는 활동도 포함되어 있다. 이 과정에서 읽기뿐만 아니라 자연스럽게 쓰기 능력도 발달한다. 영어책 읽기라고 하지만, 실제로는 영어 학습의 모든 영역을 균형 있게 다루고 있는 셈이다.

이보다 더 좋은 영어 교육 방법이 또 어디 있으랴? 영어를 배우되 고통스럽게 배우는 것이 아니라 이야기 속에 빠져서 즐겁게 배울 수 있을 뿐 아니라, 책이 주는 여러 가지 혜택들, 이를테면 상상력, 이해력, 표현력, 문제 해결 능력까지 다 함께 배울 수 있으니 말이다.

그런데도 우리나라 학부모에게는 이런 영어 교육 방식이 크게 호응을 얻지 못한다. 왜냐하면 엄마들은 당장 눈에 보이는 '수치

화된 결과'를 원하기 때문이다. 하루 단어 몇 개, 영어 점수 몇 점 같은 눈에 보이는 것에 목을 매기 때문이다. 그러나 그런 식으로 고통스럽게 영어를 배운 아이들은 상급 학교에 진학했을 때 영어에 흥미를 잃어버리는 경우가 많다. 영어에 대한 경험이 부정적이다 보니 영어를 깊이 있게 배우려 하지 않고, 당연히 성적도 올라가지 않는다.

'즐기는 자를 이길 수 없다'는 말이 있다. 어려서부터 영어를 즐거운 경험으로 받아들인 아이들은 상급 학교에 진학하고 사회인이 되어도 계속 영어를 배우고 사용하게 되고, 자연히 시간이 지날수록 영어 실력도 좋아질 수밖에 없다.

영어책을 읽는 아이들은 표정부터 다르다. 학원이라기보다 동네 놀이터에 놀러 온 느낌이다. 그래서인지 얼굴에 화색이 완연하다. '오늘은 또 얼마나 신나고 재밌는 이야기를 읽게 될까?' 하는 기대감 때문이다.

그동안 무작정 단어를 암기하느라 지친 아이들, 억지로 영어 공부를 하면서 영어 혐오증을 가지게 된 아이들, '세상에서 제일 싫은 영어'를 배우기 위해 엄마 손에 질질 끌려다닌 아이들… 이처럼 영어 때문에 마음에 상처를 받은 아이들도 영어책 읽기를 시작하면 다시 영어를 사랑하게 되고 내면의 상처도 치유된다.

영어 거부감으로 알파벳도 보기 싫어하던 아이가 영어책을 읽어 내려가기 시작한다. 수업이 끝나도 집에 가지 않고 학원에 남아서 계속 책을 읽고 싶어 하는 아이들을 볼 때마다 영어책 읽기가 가진 힘을 새삼 깨닫는다. 영어책 읽기는 한마디로 마법 같은 힘을 가지고 있다.

영어책 읽기는 효율적이고 효과적인 영어 공부법

시중에는 어린이 영어 교육을 도와주는 책들이 무수하다. 우리나라 엄마들의 영어 교육에 대한 열정이 얼마나 큰 지를 잘 반영해 주고 있는 것 같다. 그런데도 엄마들의 만족도는 그다지 크지 않은 것 같다. 많은 노력과 비용을 들여 영어 교재를 보고 학원을 다녀도 아이의 영어 실력은 제자리이거나 오히려 퇴보하는 탓이다. 무엇이 문제일까? 나의 경험으로는 애초 방향이 잘못되었기 때문이다.

이 책은 영어책 읽기가 가진 힘을 단순히 이론으로만 밝힌 것이 아니라, 나 자신이 두 아이를 키우면서 경험한 실제 사례와 영어 교육 현장에서 많은 아이들을 가르치면서 얻은 노하우를 바탕으로 썼다.

'영어책 읽기야말로 가장 효율적이고 효과적인 영어 교육 방법이다.'

이것을 직접 경험하고 이 책을 집필하였다.

영어를 가르치는 방법은 다양하다. 그러나 어떤 방법을 따르든지 가장 중요한 것은 '효과적으로' 하는 것이다. 영어책으로 영어를 가르치면 아이들이 영어라는 언어를 즐겁게 습득할 수 있다. 단순히 영어만 익히는 것이 아니라 책이 주는 많은 유익들(창의력, 표현력, 상상력, 공감하는 능력, 어휘력, 문제 해결 능력, 글쓰기 능력, 폭넓은 배경 지식 등)을 함께 쌓아 갈 수 있다.

무엇보다 영어책 읽기로 영어를 가르치면 투자한 돈과 시간에 대비하여 가장 빠르고 가장 많은 효과를 거둘 수 있다. 독서 레벨이 올라갈수록 영어를 배우는 속도가 빨라지고, 시간이 흐를수록 영어를 더 즐기면서 할 수 있게 되기 때문이다. 이것이 바로 영어책 읽기가 가진 진정한 힘이자 여타 영어 교육 방법과 가장 크게 차별되는 장점이다.

이 책에서 나는 왜 아이들이 영어책 읽기를 통해 영어를 배워야 하는지, 어떻게 하면 아이들이 영어를 배우는 과정을 즐겁고 행복한 일로 경험하게 할 수 있는지, 그 방법을 제시하고자 한다. 아이

들의 어깨에 영어라는 날개를 달아 주고 세계 무대를 마음껏 날아
다니는 글로벌 리더로 키우고자 하는 이 땅의 모든 부모들께 이
책이 작으나마 도움이 되리라 믿는다.

강은미

2장
초등 영어 공부는
영어책 읽기가 전부다

3장
영어책을 읽기 전에 알아두어야 할 것들

4장
절대 실패하지 않는 영어책 1천 권 읽기 실전 전략

5장

영어 실력을 넘어 공부 자신감을 키우는 법

1장

초등 아이가 영어책 1천 권을 읽었더니 일어난 일들

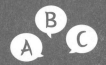

미국에 살면서도
영어가 서툰 사람들

——

2006년 1월 3일, 미국으로 향하는 우리 앞날을 축복이라도 하듯 엄청난 눈이 내렸다. 보기 드문 폭설이었다. 남편은 집을 구하기 위해 먼저 미국으로 들어간 상태였다. 혼자 두 아이를 데리고 무거운 이민 가방을 끌며 공항을 향해 출발했다. 과연 비행기가 뜰 수 있을까 의문이 들었지만 다행히 이륙에는 문제가 없었다.

우리 가족이 미국으로 가게 된 것은 남편의 학업 때문이었다. 남편은 평소 자신이 몸담고 있는 분야의 공부를 더 깊이 하고 싶어 했지만, 그럴 만한 시간적, 경제적 여유가 없었다. '미국 유학'

은 그저 먼 나라의 이야기이거나 먼 미래의 꿈에 불과했다. 그러던 어느 날, '인재 양성'을 비전으로 가진 국내 모 기업으로부터 장학금 후원 제의가 들어왔다. 남편과 우리 가족은 그들의 선의에 힘입어 꿈에 그리던 미국 유학의 길에 오를 수 있었다. 당시 남편은 44세, 딸은 초등 6학년, 아들은 초등 2학년을 막 끝내려던 참이었다. 유학을 떠나기엔 너무나 늦은 감이 있었지만, 남편은 자신의 인생 2막을 준비하는 마음으로 기꺼이 그 길을 선택했다.

한국에서는 엄청난 폭설을 맞으며 출발했는데, 불과 13시간 떨어진 LA공항에 내리니 따뜻하고 화창한 봄날이 우리를 기다리고 있었다. 곳곳에 스프링클러가 돌아가고 집집마다 푸른 잔디밭에 색색의 꽃들이 만발해 있었다. 야자수 나무가 즐비하게 서 있는 거리 곳곳에는 나무에서 갓 떨어진 주황빛 오렌지가 뒹굴고 있었다. 드디어 말로만 듣던 꿈의 땅, 캘리포니아에 온 것이다. 마치 꿈을 꾸는 듯했다.

여기가 미국이야? 한국이야?

우리 가족이 처음 정착한 곳은 캘리포니아 오렌지카운티에 있는 작은 도시 사이프레스였다. 남편은 자신과 아이들의 학교를 고려해서 적당한 위치에 아파트 하나를 구해 놓고 있었다.

한국에서 가져온 짐을 풀기도 전에 아파트 근처에 있는 학교부터 찾아갔다. 그런데 큰아이를 데리고 초등학교를 방문하니 6학년은 이미 과밀 학급 상태라 빈자리가 없었다. 어쩔 수 없이 스쿨버스를 타고 20분 정도 떨어진 학교를 다녀야 했다. 다행히 작은아이는 아파트에서 도보로 5분 정도 떨어진 가까운 초등학교에 입학할 수 있었다.

작은아이를 입학시키기 위해 학교를 찾아간 날, 나는 너무나 충격적인 현장을 목격하고 말았다. 그 이유는 학교에 다니는 학생 대부분이 한국 아이들인데다 영어는 한마디도 들리지 않고 한국말만 들렸기 때문이다. 게다가 학교 곳곳에는 한국 엄마들이 삼삼오오 모여 대화를 나누고 있었다. 열심히 아이들의 교육 정보를 교환하고 있는 중이었다. 한국의 여느 초등학교 앞에서 흔히 볼 수 있는 아침 풍경이었다. 순간, 내 눈과 귀를 의심했다.

'여기가 어디지? 정말 여기가 미국 맞나?'

물론 그것은 현실이었다. 나중에 알고 보니, 우리 아이가 다니게 된 초등학교는 캘리포니아에서도 학군이 좋기로 소문난 지역에 있는 학교였다. 미국 서부 명문 중학교의 하나인 옥스퍼드 주니어 하이스쿨이 근처에 있었기 때문이다. 그러다 보니 교육열 높은 한국 엄마들이 아침부터 그렇게 학교 주변에 포진한 채 아이들 교육에 대한 정보를 교환하고 있었던 것이다.

문화 충격 vs 모국어의 장벽

주변에 한국 친구가 많은 것이 반드시 나쁜 것만은 아니었다. 한국에서 이제 막 건너와 새로운 언어와 문화에 적응해야 하는 아들에게는 이들이 일종의 '충격 완충제'가 되어 주었다. 알파벳을 겨우 읽는 정도의 영어 수준을 가지고 있던 아들이었기에 하루 종일 영어로만 수업을 듣고 미국 친구들과만 어울려 놀아야 했다면 갑작스런 문화 충격과 언어 충격으로 인해 많은 스트레스를 받았을 것이다. 심리적으로도 크게 위축감을 느꼈을 것이다.

《우리 아이 영어 공부 어떻게 시킬까요?》의 저자 서명은 원장은 "영어권으로 이민 온 아이들이 한동안 영어를 거부하기도 하고 영어를 습득하겠다고 결심한 아이들이라도 아주 오랫동안 말없는 기간이 지속될 수 있다"라고 말하고 있다. 어쩌면 중간에 '한국 친구들'이라는 '언어 쿠션'이 있었기에 낯선 미국 학교와 미국 문화에 좀 더 쉽게 적응할 수 있었을지도 모른다.

하지만 모든 일에는 양면성이 있는 법이다. 미국 학교에 한국 아이들이 많다는 것이 한국에서 갓 건너 온 아이가 초기에 적응을 하거나 심리적으로 안정을 취하는 데는 도움이 되었겠지만, 영어를 익히는 데는 가장 큰 장애물이었다. 우리 아이들처럼 모국어가 완벽하게 형성된 상태에서 미국으로 가게 될 경우, 미국 학교에 적응하고 미국 친구들을 사귀는 데 상당한 시간이 걸린다. '모국어의 장벽'이 생각보다 높기 때문이다. 그러다 보니 아이들은 언어 장벽이 주는 불편함을 참지 못하고 금방이라도 편하게 대화할 수 있는 한국 친구들과만 어울려 놀게 된다.

더 심각한 문제는 이렇게 편한 쪽으로 생활하는 것이 한번 관성으로 만들어지면, 그 편안함에 자신을 고착시키고 안주하게 된다는 점이다. 그러다 보면 영어를 배울 수 있는 적기를 놓치고, 많은 시간이 흘러도 더 이상 영어가 앞으로 나아가지 않게 된다.

미국에 살면서도 영어가 서툰 사람들

실제로 한인이 밀집해 있는 캘리포니아 오렌지카운티에 살아 보니, 미국에서 중고등학교를 졸업하고, 심지어 대학을 졸업했어도 여전히 영어에 어려움을 느끼는 한국인을 무수히 만날 수 있었다. 어른 중에는 미국에서 생활한지 30년이 지났는데도 기본적인 인사말 외에는 전혀 영어를 구사하지 못하는 사람도 많았다. 오렌지카운티 같은 한인 밀집 지역에서는 영어 한마디 할 줄 몰라도 생활하는 데 아무런 어려움을 느끼지 못한다. 워낙 한인 커뮤니티가 잘 형성되어 있는데다, 어딜 가든 한국인을 만날 수 있고, 필요하면 어디서든 한국어 통역 서비스를 받을 수 있기 때문이다. 그러다 보니 굳이 힘들게 영어를 배워야 할 이유가 없다.

이렇듯 미국이라는 땅에 뿌리를 내리고 살지만 영어가 제대로 되지 않는다는 이유로 한인을 상대로만 사업하고 한인을 상대로만 교제하며 살다 보니 영어가 늘 기회가 더욱 없어지고, 그럴수록 더욱 한인 사회에 갇히는 악순환에 빠진다. 언어의 한계 때문에 미국 주류 사회에 들어가지 못한 채, 평생을 그 사회의 주변인으로만 살아가는 많은 교포들의 현실을 보면서 너무나 큰 충격을 받았다.

미국만 가면 영어를 잘하게 될 줄 알았는데 그게 전혀 아니라는 사실, 아니 오히려 영어 실력이 갖추어지지 않은 상태에서 곧바로 외국인을 상대하고 영어를 사용해야 하는 환경에 처해지면, 그것이 심리적인 두려움을 자극하여 영어를 배우는 것을 더 힘들게 만들 수도 있다는 사실을 알게 되었다.

갑자기 눈앞이 캄캄해졌다. 미국만 가면 저절로 입이 열리고 영어를 술술 말하게 될 것이라는 순진한 믿음을 가지고 있던 나 자신이 한없이 처량하게 느껴졌다. "미국 가서 영어 많이 배워 오라"며 아이들 손에 꼬깃꼬깃한 쌈짓돈을 쥐어 주시던 부모님 얼굴이 떠올랐다. 미국만 가면 이중 언어를 완벽하게 구사하는 사람이 되어 돌아올 거라며 부러움의 눈으로 우리를 바라보던 지인들의 얼굴이 떠올랐다.

더 이상 물러설 곳이 없었다. 미국에 온 이상, 우리 아이들을 영어에 능통한 아이들로 키워야 한다는 막중한 책임감이 마음을 짓누르기 시작했다. 그렇다면 어떻게 영어를 가르쳐야 할까? 마음은 급해졌고, 밤을 새며 답을 찾기 시작했다.

영어 생활권에서 살면 영어를 잘하게 된다는 생각은 환상이다.
특히 이미 모국어가 완성된 아이가 갑작스럽게 낯선 환경에 놓이면
언어의 장벽에 막혀 심리적으로 위축되고
새로운 언어를 습득하는 데도 애를 먹는다.

성공하는 사람들은
책을 읽는다

미국에서 아이들이 다닐 학교 상황이 이렇다 보니, 아이들의 영어 실력을 향상시키기 위해 구체적인 전략을 세워야만 했다. 영어의 나라 미국까지 와서 아이들의 영어 교육을 고민해야 하는 상황이 한편으로는 슬프기도 했고 한편으로는 우습기도 했다. 아무튼 이것은 엄연한 현실이었다.

밤잠을 설쳐 가며 아이들의 영어 공부 방법을 고민하고 답을 찾았다. 그러던 어느 날, 갑자기 두 사람의 얼굴이 떠올랐다. 한 사람은 강영우 박사님이었고, 또 한 사람은 벤 카슨 박사님이었다.

두 분 다 어린 시절을 가난하고 어려운 환경에서 보냈지만 미국에서뿐만 아니라 세계적으로도 존경받는 리더로 성장하신 분들이다. 두 분에게는 중요한 공통점이 있었는데, 바로 독서를 통해 성공을 이뤄 냈다는 사실이다.

왜 하필 두 사람의 얼굴이 떠올랐는지는 모르겠다. 한 가지 분명한 사실은 '가난한 유학생 가족'이라는 우리 현실이 성공 이전의 그들 모습과 비슷했기 때문이다. 그리고 우리 아이들도 시작은 비록 미약하지만 책 읽기를 통해 얼마든지 글로벌 리더로 성장할 수 있을 것이라는 믿음이 있었기 때문이다.

첫 번째 이야기 : 강영우 박사

강영우 박사님은 시각장애인이었지만 독서를 통해 자신이 처한 신체적 장애와 가난한 환경을 극복하고 마침내 한국인 최초로 미국 백악관 국가장애위원회 정책 차관보가 되신 분이다. 한마디로 인간 승리의 대명사 같은 분이다. 그런데 그는 자신만 아니라 두 아들 역시 독서를 통해 글로벌 리더로 성장시켰다. 큰아들은 하버드 대학교 의대를 졸업하고 미국에서 안과 의사가 되었고, 작은아들은 시카고 대학교를 졸업하고 정치 보좌관으로 활동하고 있다.

시각장애를 가진 가난한 유학생 가정에서 어떻게 이런 엄청난 성공을 일구었을까? 박사님의 두 아들의 말에 그 비결이 있다. 두 아들 모두 자신의 성공 비결로써 아버지와 함께 했던 독서 시간을 들고 있다. 큰아들은 1991년 하버드 대학교 입학 당시 에세이 〈어둠 속 잠자리에서 읽는 이야기(Bed Time Stories in the Darkness)〉를 써서 입학사정관들을 감동시키기도 했다. 아버지와 함께 책을 읽은 경험, 아버지가 물려준 독서 유산이 자신의 인격과 실력 형성에 결정적인 영향을 끼쳤다고 말하고 있는 것이다.

한마디로 박사님은 독서를 통해 자신의 운명만이 아니라 자손의 운명까지 바꾸고 마침내 명문 가문을 일군 분이다.

두 번째 이야기 : 벤 카슨 박사

벤 카슨 박사님도 마찬가지다. 그는 몸이 붙은 채 태어난 샴쌍둥이를 분리하는 수술을 세계 최초로 성공시킨 외과의사다. 사람들이 그에게 '신의 손'이라는 별명을 붙여 줬을 정도로 그의 외과 기술은 탁월했다. 몇 해 전 미국 대통령 선거 때, 공화당 예비 후

보에 오를 만큼 미국 사회에서 크게 존경받는 인물이다.

이처럼 화려한 명성과 달리, 그는 가난한 흑인 슬럼가에서 태어나 남의 집에서 가정부 일을 하며 생계를 꾸리는 홀어머니 밑에서 성장했다. 초등학교 5학년 때까지 전교 꼴찌를 도맡아 놓고 있었고, 선생님과 친구들은 그에게 '돌대가리'라는 별명을 붙여 주었다. 그러던 그가 세계 최고의 천재들만 들어간다는 예일 대학교에서 심리학을 전공하고 미시건 대학교 의대를 졸업, 33세의 나이에 존스 홉킨스 대학 병원에서 최연소 소아과 과장이 되고 의과대학 교수가 되었다. 어떻게 이런 일이 일어난 것일까? 그는 자신이 이런 엄청난 인생 역전을 경험하고 세계적인 의사로 성공할 수 있었던 것은 '어머니의 독서 교육' 덕분이었다고 말한다.

벤 카슨 박사님의 어머니 소냐 카슨은 초등학교 교육조차 제대로 받지 못했다. 결혼 생활 초에 남편에게 버림받은 그녀는 남의 집에서 가정부로 일하며 가정을 꾸리고 어린 두 아들을 키웠다. 그렇지만 그녀에게는 남다른 지혜와 통찰력이 있었다. 부자들의 집을 청소하면서 부자들에게는 '그들만의 성공 습관'이 있다는 사실을 발견했다. 그것은 바로 독서 습관이었다. 실제로 부자들의 행동 습관을 연구한 톰 콜리는 《습관이 답이다》라는 책에서 "부자들의 경우, 88% 이상이 매일 30분 이상 독서하는 습관을 가지고 있다"고 말한다.

벤 카슨의 어머니는 자신의 가난을 대물림하지 않기 위해 두 아들에게 매주 두 가지 과제를 주었다. 첫째는 텔레비전 시청 시간을 제한하는 것이었고, 둘째는 도서관에 가서 매주 두 권의 책을 읽고 그 책에 대한 줄거리를 쓰는 것이었다. 초등학교 5학년이 될 때까지 책과 담을 쌓고 살았고 말썽꾸러기에다 바보 취급을 받는 벤 카슨이었지만, 어머니의 권유를 물리치지 못하고 어쩔 수 없이 도서관에서 책을 읽기 시작했다.

처음에는 어머니의 강요에 의해 시작한 독서였지만, 이렇게 시작한 독서가 벤 카슨의 삶을 완전히 바꿔 버렸다. 독서의 세계에 빠져들자마자 지혜와 지식이 쌓이기 시작했다. '전교 꼴찌, 돌대가리'라고 놀림받던 그가 중고등학교를 다니는 동안 전교 1등을 놓치지 않았다. 독서를 통해 자신 안에 잠들어 있던 엄청난 잠재능력이 발휘되기 시작한 것이다. 이후 그는 예일대와 미시간대 의대를 거쳐 세계 최고의 신경외과 의사로 성장했다.

훗날 벤 카슨 박사는 자신의 성공 경험을 담은 책《벤 카슨의 싱크 빅(Think Big)》을 출간했다. 성공하기 위해 필요한 8가지 요소들을 제시하고 각 요소들의 영문자 앞 글자를 따서 책 제목으로 만들었는데, 6번째 글자인 'B'가 바로 책(Book)이다. 다시 말해, 책은 성공을 위한 선택 사항이 아니라 필수조건이라는 의미다.

나는 두 분의 이야기를 통해 우리 아이들에게는 하나님이 주신 무한한 잠재력이 자리 잡고 있다는 사실을 깨달을 수 있었다. 그리고 이 잠재력을 계발하는 데는 독서보다 더 강력한 수단은 없다는 사실도 깨달았다.

'그래, 바로 이거야. 책을 통해 영어를 배우는 거야. 그러면 영어도 배울 수 있고, 그 안에 들어 있는 많은 지식과 교훈도 함께 얻을 수 있으니, 이보다 더 좋은 방법은 없는 거야!'

유레카를 외치는 순간이었다.

아이들의 잠재력을 계발하는 데 독서만큼 강력한 수단은 없다.
책으로 영어를 배우면 언어로서 영어를 익힐 수 있고,
책 속에 담겨 있는 지식과 교훈도 함께 얻을 수 있다.

'영알못' 한국 엄마의
미국 도서관 점령하기

강영우 박사님과 벤 카슨 박사님의 '독서를 통한 성공 이야기'에 크게 감명을 받은 나는 아이들과 함께 '미국 도서관 점령 프로젝트'를 세웠다. 그리고 벤 카슨의 어머니처럼 아이들에게 영어책 읽기 프로젝트를 공표했다.

'앞으로 우리는 저 도서관에 있는 동화책을 다 읽게 될 꺼야. 책을 읽은 후에는 책에 대한 생각이나 느낌을 간단하게 그림이나 글로 남겨야 해!'

갑작스러운 도서관 점령 프로젝트 발표에 두 아이는 눈을 말똥

거리며 어이없다는 듯 엄마를 쳐다보았다. 어린 아이들 입장에서는 엄마의 깊은 뜻을 다 이해하지 못하는 것이 어쩌면 당연하다. 그래서 나는 아이들이 알아듣기 쉽게 영어책 읽기가 얼마나 큰 이익이 되는지에 대해 경제 논리로 설명했다.

'한국에서는 영어책 한 권 사려면 비싼 돈을 써야 해. 그런데 미국에서는 이 많은 책을 도서관에서 무료로 빌려 볼 수 있어. 그러니까 우리가 도서관 책을 많이 읽으면 읽을수록 돈을 버는 것이고, 그만큼 우리는 부자가 되는 거야.'

도서관 점령 프로젝트 자체에는 별로 동의하지 않던 아이들이 '책을 읽으면 돈을 벌 수 있고, 우리 가족이 부자가 될 수 있다'는 말을 듣자 갑자기 독서 의욕을 불태우기 시작했다. 워낙 어려서부터 절약 정신이 몸에 배어 있는 아이들이라 책을 많이 읽을수록 돈을 많이 버는 것이라는 말에 두 눈이 번쩍 뜨인 것이다. 물론 내가 말한 '책 읽기가 돈 버는 것이다'는 당장 책값을 아낄 수 있다는 측면도 있었지만, 그보다는 독서가 아이들의 미래에 엄청난 정신적, 물질적 자산이 될 것이라는 의미를 담고 있었다.

아이들은 엄마의 말에 담긴 깊은 뜻을 다 이해하지 못했지만, 그래도 다행히 내 뜻을 따라 주기로 결정했다. 그렇게 해서 '영알못' 한국 엄마의 미국 도서관 점령 프로젝트는 시작되었다.

미국의 힘, 도서관의 힘

사실 미국의 힘은 도서관에서 나온다고 해도 과언이 아니다. 에디슨은 어렸을 때 동네 도서관에 있는 책을 거의 다 섭렵했다고 한다. 세계 최고 부자인 빌 게이츠도 '나를 키운 것은 하버드 대학교가 아니라 어린 시절 다녔던 동네 도서관'이라고 말했다. 그만큼 미국에서 도서관은 시민의 삶과 성장에 중요한 기능과 역할을 담당하고 있다. 그렇기 때문에 마을에서 가장 좋은 자리에는 언제나 도서관이 자리 잡고 있다. 동네 도서관마다 최고의 시설과 시스템을 자랑한다. 시민이 언제든 편하게 와서 원하는 정보와 자료를 찾을 수 있도록 배려하는 것이다.

우리 가족이 자주 이용한 캘리포니아 오렌지카운티의 세리토스 도서관은 도서관이라기보다 차라리 특급 호텔 같았다. 냉난방 시설은 기본이고 조용하고 쾌적했다. 도서관을 이용하면 책값만 아니라 전기료까지 아낄 수 있어 유학생 살림에는 적잖은 도움이 되었다. 사람들이 많이 찾아오지만 다른 사람에게 방해가 될 만한 행동은 일체 하지 않았다. 아무리 어린아이라도 부모가 철저하게 행동을 통제해서 다른 사람의 독서에 방해가 되지 않도록 배려했다. 그러다 보니 도서관만큼 독서하기에 좋은 환경은 없었다.

특히 도서관 한 구석에 마련된 어린이 코너에는 아이들을 위한 소파와 쿠션이 마련되어 있어서 안방에서처럼 편안하게 책을 읽을 수 있었다. 이곳에서 나는 아이들이 좋아하는 책을 골라 놓고 목이 아프도록 읽어 주었다. 우리가 유학할 당시만 해도 한국 도서관에는 영어책이 거의 보급되지 않았다. 읽히고 싶어도 형편상 여의치 않았던 영어책을 이렇게 마음껏 읽어 줄 수 있다니, 꿈만 같았다.

도서관 마당에는 넓은 잔디밭이 펼쳐져 있어서 책을 읽다가 지치거나 배가 고프면 언제라도 마당으로 나가 준비해 간 간식과 도시락을 먹으며 쉴 수 있었다. 도서관은 우리 가족에게는 거대한 금광과 같았다. 책 한 권을 읽을 때마다 금 한 덩이를 캐는 심정이었다. 아이들은 책과 함께 꿈을 먹으며 자라고 있었다.

책의 꿈, 아이의 꿈

도서관에서 실컷 책을 읽는 것으로도 부족해서 집으로 돌아오는 길엔 언제나 가방 가득 집에서 읽을 동화책을 담아 왔다. 미국 도서관은 하루에 20권씩 책을 빌릴 수 있었다. 책만이 아니라 비디오나 오디오도 대여할 수 있었다. 아이들과 함께 아이들이 좋아하고 아이들의 수준에 맞는 동화책을 골라 집으로 돌아올 때면, 빨리 하루 일과를 끝내고 침대맡에 둘러앉아 책을 읽을 생각에 가슴이 설레었다.

에릭 칼(Eric Carle)이나 앤서니 브라운(Anthony Browne) 같은 세계적인 동화 작가들의 책은 마법같이 강한 힘을 가지고 아이들의 눈과 마음을 끌어당겼다. 밤마다 침대에 둘러앉아 영어책을 읽어 줄 때면 아이들은 숨소리도 내지 않고 이야기에 몰두했다. 함께 책 읽는 시간이 길어질수록 아이들의 영어 실력도 소리 없이 넓고 깊어져 갔다.

우리가 저 도서관에 있는 책을 다 읽어버리자.
그렇게 시작한 도서관 점령 프로젝트.
아이들과 책 읽는 시간이 늘어날수록 아이들의 영어도 넓고 깊어졌다.

대통령상부터 AR상까지
영어책 읽기 6개월의 힘

미국 학교에 간 지 6개월 만에 대통령상

매일 도서관을 찾아 영어책 읽기에 몰입한지 6개월. 벌써 효과가 나타나기 시작했다.

초등학교 6학년으로 입학한 큰아이는 '자신이 존경하는 인물을 소개하고 그 인물로부터 본받고 싶은 점을 설명하라'는 주제로 에세이를 작성하는 졸업 과제를 받았다. 한국에 있을 때부터 수학, 과학에 관심이 많았던 딸은 플로렌스 나이팅게일의 일생에 관한 에세이를 작성했다. 도서관에서 빌려 온 책을 반복해서 읽으면서 나이팅게일의 일생을 요약했다. 그리고 자신도 나이팅게일처럼 다른 사람의 아픔을 치료하고 위로해 주는 사람이 되고 싶다는 말로 에세이를 마무리했다.

아직은 문법도 맞지 않는 서툰 영어였다. 하지만 딸은 직접 그림까지 그려 가며 최선을 다해 에세이를 완성했다. 그런데 딸의 에세이를 읽은 담임선생님은 입을 다물지 못했다. "미국에 온 지 6개월도 되지 않은 아이가 이런 결과물을 내다니… 믿을 수가 없다"고 했다. 미국에서 태어나고 자란 아이도 이 정도의 글을 써 내지 못한다며 딸의 글 솜씨와 영어 실력을 입이 마르도록 칭찬해 주었다.

사실 우리가 살았던 오렌지카운티 지역에는 한국 사람이 워낙 많이 거주하는 데다 다른 민족에 비해 학업 성적이 우수하기 때문에 한국인을 바라보는 시각이 그다지 곱지만은 않다. 특히 미국인은 자국민보다 뛰어난 학습 능력을 가진 한국인에게 조금은 경계심과 질투심을 느끼는 것 같았다. 그런데 딸의 선생님은 전혀 그렇지 않았다. 딸의 노력과 진보를 따뜻한 눈으로 바라봐 주었고 지속적으로 격려의 말을 해 주었다.

한편 작은아이가 다닌 학교와 달리, 큰아이가 다닌 학교에는 한국 친구가 거의 없어서 미국 친구들로부터 많은 관심과 사랑을 받을 수 있었다. 한국말을 배우고 싶어 하는 미국 친구들에게 한국말을 가르쳐 주면서 딸의 영어 실력도 점점 나아졌다. 그리고 마침내 미국 학교에 들어간 지 6개월 만에 미국 대통령이 수여하는 상을 받았다.

미국 현직 대통령의 이름이 새겨진 상을 받는다는 것은 정말 자랑스러운 일이 아닐 수 없다. 그런데 이 영광스러운 상을 미국에 간 지 6개월 만에 받은 것이다.

미국 아이들도 부러워하는 AR상을 내 품에

영어책 읽기는 작은아이의 학교생활도 변화시켰다. 미국 학교는 한국 학교보다 규율이 훨씬 엄격하고 상벌제도가 확실하다. 교칙을 어긴 아이는 '디텐션(Detention)'이라는 것을 받게 된다. 일종의 '격리' 또는 '나머지 공부'라고 할까, 이것을 받은 아이는 수업에 참여하지 못하고 교실 뒤에 가서 혼자 조용히 서 있거나 교장실에 불려가서 교장 선생님의 훈계를 들어야 한다. 그렇게 해도 변화가 없으면 부모님을 학교로 부른다. 아이들은 이 디텐션을 매우 두려

위한다. 교사와 학교의 권위가 그만큼 살아 있다는 뜻이다.

물론 미국 학교가 이렇게 엄격한 방식으로만 아이들을 통제하는 것은 아니다. 한 달에 한 번 '어워드 데이(Award Day)'를 갖고 긍정적인 방식으로 아이들의 성취를 보상해 준다. 어워드 데이는 한 달 동안의 학습 결과를 종합해서 과목별로 시상할 뿐만 아니라 성품에 대해서도 시상한다. 정직상, 성실상, 협력상, 출석상 등 상의 종류도 다양하다. 그런데 이 가운데 아이들이 가장 가치 있게 여기는 상이 있다. 그것은 바로 'AR상'이다.

AR이란 'Accelerated Reading'의 약자이다. 이것은 미국 학교가 아이들의 독서력을 향상시키기 위해 시행하고 있는 독서 프로그램이다. 자신의 독서 레벨에 맞는 책을 읽고 온라인으로 자신이 읽은 책의 내용을 테스트하는 프로그램인데, AR에서 높은 점수를 받으려면 반드시 책을 정독해야 할 뿐 아니라 가능한 한 많은 책을 읽어야 한다. AR 점수가 높다는 것은 그만큼 독서력이 높다는 것을 의미한다. 그래서 미국 초등학교 아이들은 다른 어떤 상보다 AR상을 더 자랑스럽게 여긴다. 이 또한 미국인이 독서에 높은 가치를 두고 있다는 증거이기도 하다.

엄마와 함께 도서관 점령 프로젝트를 하며 집과 도서관에서 많은 영어책을 접한 작은아이는 학교에서 AR 프로그램을 만나자 마치 물 만난 물고기처럼 영어책을 읽어 나가기 시작했다. 처음 미국에 올 때만 해도 겨우 알파벳을 읽는 정도였지만, 수준에 맞는 영어 동화책을 단계적으로 읽어 나가면서 리딩 수준이 빠른 속도로 향상되었다. 리딩이 일정 수준에 오르자, 자연스럽게 라이팅과 리스닝, 스피킹 실력도 향상되기 시작했다.

미국 학교에서는 이민자나 유학생 자녀를 위해 ESL 클래스를 운영한다. 대부분의 아이들이 ESL 클래스에서 짧게는 한 학기, 길게는 1년 정도의 시간을 보낸다. 그런데 작은아이는 한 달 만에 ESL 클래스를 마치고 바로 정규 클래스로 가게 되었다. 알파벳을 막 끝내고 미국에 온 아이라고는 믿을 수 없을 정도로 빠르게 영어를 익혀 나갔고 자신의 생각을 영어로 표현하기 시작했다. 미국에 온 지 1년도 안 된 아이가 미국 아이보다 더 빠르게, 더 많은 양의 책을 읽어 내는 것을 보며 선생님은 '어메이징(amazing)'이라는 감탄사를 연발했다. 덕분에 아들은 '어워드 데이'가 있는 날이면 친구들로부터 부러움과 질투를 한 몸에 받는 존재가 되었다. 그러나 우리는 알고 있었다. 이 모든 것이 바로 책 읽기의 힘, 엄마와 함께 비밀리에 진행한 도서관 점령 프로젝트 덕분이라는 사실을.

'영어책 읽기+알파'의 힘

물론 그렇다고 해서 아이들을 매일 도서관에 데리고 가서 책만 읽게 한 것은 아니다. 나는 책과 더불어 아이들의 사회성 발달에도 많은 관심을 가졌다. 머릿속에 지식만 가득하고 인간관계나 사회생활은 서툰 아이로 키우고 싶지는 않았다. 그래서 도서관에서 돌아오면 또래의 미국 아이들과 어울려 놀게 했다. 미국 초등학생은 학교가 끝나면 학원을 가지 않기 때문에 시간적으로 여유가 많은 편이었다. 미국 친구들을 집으로 초대해서 떡볶이나 잡채 같은 한국 음식을 만들어 주고 보드 게임이나 컴퓨터 게임을 하면서 같이 놀게 해 주었다.

주말이면 동네에 있는 커뮤니티 센터로 데리고 가서 각종 스포츠 활동에 참여하며 미국 아이들과 어울리게 했다. 미국 교회가 운영하는 어린이 성경 공부 프로그램에도 참여하게 했다. 책 읽기를 통한 영어 습득을 구심점으로 하면서 사람들과의 관계 속에서 자연스럽게 영어를 습득하는 것도 무시하지 않았다.

하지만 한 가지 분명한 사실이 있다. 아이들이 미국 친구들과 어울려 놀면서 영어를 배웠다면 일상적인 수준의 영어는 구사할 수 있었겠지만, 학습에 필요한 영어, 더 높은 레벨의 영어는 구사하기 어려웠을 것이라는 점이다. 엄마가 세운 전략대로 엄마와 함께 도서관과 집에서 꾸준히 책을 읽고 책과 더불어 놀며 영어를 배웠기에 비교적 짧은 시간 안에 영어 실력과 학습 능력을 함께 끌어올릴 수 있었던 것이다.

영어책 읽기는 노력한 만큼 반드시 결과를 안겨 준다.
미국 간 지 6개월 만에 대통령상을 받고 졸업할 수 있었던 비결은
영어책을 읽으며 학습 능력을 길렀기 때문이다.

말문이 트이고
재능이 터지다

———

    캘리포니아에 자리를 잡은 지 2년이 지나자 남편은 다음 학위 과정을 위해 동부 버지니아로 학교를 옮기게 되었다. 미국의 서부 와 동부는 같은 나라인데도 분위기가 많이 달랐다. 캘리포니아에 서는 어딜 가나 멕시코를 비롯한 남미 사람을 주로 만날 수 있었 고, 이들이 사용하는 스페인어와 스팽글리시(Spanglish, 스페인어가 섞 인 영어)를 주로 들을 수 있었다. 여기에 유럽, 중국, 인도 사람들의 영어까지 섞여 영어의 세계가 다채롭고 스펙트럼이 넓다는 느낌 을 받았다.

그런데 동부로 넘어오니 처음 미국에 도착했을 때보다 더 높은 언어 장벽이 우리를 기다리고 있었다. 바로 흑인의 영어였다. 새롭게 옮겨 간 버지니아에는 흑인이 많았고 그들이 사용하는 영어는 너무나 낯설었다. 수십 년간 학교 교과서를 통해 '표준 영어'만 배웠던 나에게는 흑인의 영어가 충격이었다. 아이들의 전학을 위해 학교를 찾았다가 흑인 교직원의 질문을 알아들을 수 없어 종이에 적어 달라고 했던 기억이 지금도 생생하다. 거기에다 흑인은 특유의 낙천적인 성격 때문에 학교 공부에 크게 비중을 두지 않았다. 그래서인지 학교들의 학업 성적 수준도 그다지 높지 않았다.

도서관 점령 프로젝트는 계속된다

최상의 교육 수준과 시스템을 구비하고 있는 캘리포니아 학교와 비교했을 때 동부에 있는 학교는 어느 것 하나 마음에 들지 않았다. 알아들을 수도 없는 영어를 구사하고 공부에 관심을 두지 않는 환경에서 아이들을 키워야 하다니… 갑자기 두려움이 몰려왔다. 이삿짐을 풀지 말고 다시 캘리포니아로 돌아갈까, 고민했다.

하지만 나의 염려와 달리 아이들은 빠르게 새로운 환경에 적응해 나갔다. 이미 서부에서 다양한 민족이 구사하는 다양한 영어 발음에 익숙해져 있던 아이들은 동부 흑인의 영어에도 금방 적응했다. 나중에 알게 된 사실이지만, 흑인 친구는 학업에는 관심이 그리 높지 않지만 사람에게는 깊은 애정과 공감 능력을 가지고 있었다. 그래서 이들은 새로 전학 온 우리 아이들을 따뜻한 사랑으로 품어 주었고 학교생활에 잘 적응하도록 친절하게 도와주었다. 흑인을 두려움과 경계의 눈빛으로 바라보는 나에게 아이들은 충고했다.

"엄마가 가진 잘못된 편견을 버려야 해요. 친구들이 얼마나 착하고 순수한데요."

그동안 인종에 대해 가지고 있던 나의 편견이 철저하게 깨지는 순간이었다. 동부 버지니아에서 생활하는 동안 사람을 외모로 판단하는 것이 얼마나 어리석은 일인지를 뼈저리게 깨달았고, 많은 흑인 친구들을 사귀었다.

동부로 옮겨 온 후에도 나의 도서관 점령 프로젝트는 멈추지 않았다. 이삿짐을 정리하자마자 공립 도서관을 찾아가 도서 대출 카드부터 만들었다. 그리고 거의 매일 도서관을 드나들며 아이들이 읽을 책을 고르고 배달했다. 아이들의 학년이 올라가면서 방과 후 일정이 바빠졌기 때문에 나는 북 셔틀 노릇을 자처했다.

작은아이는 유난히 모험 소설이나 판타지 소설을 좋아했다. 아이는 10권이 넘는 시리즈도 밤을 새며 읽었다. 그에 반해 큰아이는 10대들을 위한 성장 소설이나 문학을 좋아했다. 나는 각자 취향에 맞게 책을 읽되, 일단 뉴베리 상(Newbery Medal)같이 신뢰할 만한 문학상 수상작들을 중심으로 읽도록 지도했다.

만들어진 수학 영재

영어책 수준을 높여 가며 지속적으로 독서를 하는 동안, 이곳 학교에서도 점점 두각을 나타내기 시작했다. 버지니아로 옮긴지 얼마 되지 않아 딸은 '매스 카운츠(Math Counts)'라는 수학 경시 대회에 출전했다. 매스 카운츠는 단순히 얼마나 빨리 계산하는지 테스트하는 대회가 아니다. 알다시피 미국은 아이들이 수업 시간에 계산기를 사용하도록 허락하는 나라다. 수학에서 중요한 것은 사칙연산이 아니라 논리적인 사고력이라는 사실을 알기 때문이다. 따라서 이 대회에서는 주어지는 지문을 정확하게 이해하고, 논리력, 사고력, 추리력 같은 고도의 능력을 사용해서 문제를 풀어야 한다.

흔히 미국 학생은 우리나라 학생에 비해 수학 수준이 낮다고 알고 있다. 하지만 모든 아이의 수학 수준이 낮은 것은 아니다. 수학을 좋아하고 잘하는 아이는 우리나라 수학 영재 못지않은 뛰어난 수학 능력을 가지고 있다. 바로 이런 아이들을 위해 만든 경시 대회가 매스 카운츠다. 워낙 난이도가 높은 수학 문제를 다루는 대회이다 보니 탄탄한 영어 실력이 뒷받침되지 않으면 출전 자체가 불가능하다. 영어로 된 지문을 이해하지 못하는데 어떻게 수학 문제를 풀 수 있겠는가! 그런데 딸은 이 대회에 시 대표로 발탁되었고 버지니아 주 대회까지 진출하는 쾌거를 이루었다. 그리고 그로부터 1년 후 아들 역시 누나의 뒤를 이어 매스 카운츠의 영웅이 되었다.

미국에 온 지 얼마 되지도 않은 두 남매가 미국인도 어려워하는 전국 규모의 수학 경시 대회에 출전하고 입상까지 하는 것을 보며, 학교와 학생, 학부모까지 경탄을 멈추질 못했다. 모두들 부러움의 눈길로 우리 아이들을 바라보았다. 그러나 우리는 그 비결을 알고 있었다. 도서관에서, 침대맡에서 엄마와 함께 열심히 영어책을 읽었기 때문이다. 영어책 읽기를 꾸준히 하다 보니 단순히 영어 실력만이 아니라 수학이 요구하는 사고력이나 논리력, 추리력까지 함께 향상된 것이다.

봇물처럼 터지기 시작한 재능

영어책 읽기로 기른 영어 실력은 상급 학교에 진학해서 더욱 큰 자원이 되었다. 딸은 고등학교 진학과 동시에 버지니아 주립 과학 영재 학교(Central Virginia Governor's School of Science and Technology)에 들어갔다. 과학 영재 학교는 학업 성적이 우수하고 특히 수학과 과학에 뛰어난 재능을 가진 아이들을 위해 만든 학교이다. 보통 한 고등학교에서 성적이 우수한 학생 2~3명만 입학할 수 있다.

중학교 때 이미 매스 카운츠에서 수학 실력을 인정받은 딸은 당당히 과학 영재 학교에 입학했다. 사실 학교 공부를 따라 가기도 벅찬데 영재 학교까지 다니다 보니 엄청난 양의 과제와 공부를 소화해야 했다. 그 중에는 미국 대학생과 함께 듣는 대학 과정 수업도 있었기 때문에 웬만한 대학생보다 더 많은 공부를 해야 했다. 하루 4시간 정도밖에 잠을 자지 못했다.

그런데 딸은 그 바쁜 와중에도 '맨해튼 프로젝트(The Manhattan Project)'라는 주제로 전국 규모의 역사 대회에 참여하여 입상했다. 학교 테니스 팀의 대표로 활동하였고, ACE라고 하는 장학퀴즈 프로그램에서도 학교 대표로 활약했다. 청소년 오케스트라에서는 플룻 연주자로 참여했다. 미국 대학 입시에서 중요한 역할을 차지하는 AP 과목에도 신경을 써야 했다. 학교가 따로 제공하지 않는 AP 수업은 온라인 수업을 들으며 스스로 공부해야 했다.

학교 정규 수업 외에도 '내셔널 아너 소사이어티(National Honor Society)'라는 봉사 단체에 소속되어 활동하였고, 악기를 좋아하는 친구들과 함께 요양원을 방문하여 악기 연주로 어르신들의 무료함을 달래 주기도 했다. 그러면서도 주말이면 교회에 나가 또래 친구들과 함께 예배에 참석하고 교회 오케스트라에서 반주자로도 활동하였다. 학업, 봉사, 신앙, 악기, 운동, AP, 독서 등 어느 것 하나 놓치지 않고 균형 있게 잘 소화해 나갔다.

이렇게 일분일초를 알차게 보낸 딸은 마침내 고등학교를 수석으로 졸업하였고, 졸업생 대표 연설(Valedictorian Speech)을 하는 영광을 안았다. 딸은 미국인 앞에서 자랑스러운 한국인의 모습을 유감없이 드러냈다. 그리고 많은 명문 대학들로부터 장학금 제의와 입학 허가를 받았다. 미국에 온 지 6년 만에 이뤄낸 성과들이다. 미국으로 유학을 온 중고등학생들이 방학이면 한국으로 돌아와 비싼 학원비를 지불하며 SAT와 AP 수업을 듣는다. 하지만 딸은 사교육 한 번, 학원 한 번 다니지 않고 미국 명문 대학이 탐내는 인재로 성장했다.

중학생인 아들도 전 과목에서 우수한 성적을 거두었고, 특히 영어 에세이 쓰기에 탁월한 재능을 보였다. 이 모든 것이 초등학교 때부터 영어책 읽기를 통해 탄탄한 배경지식을 쌓고 생각하는 힘을 길렀기에 가능했다고 생각한다.

영어책 읽기는 말문을 틔우고 공부 머리를 길러 준다.
미국에서 외국인이라는 약점을 극복하고
고등학교를 수석 졸업할 수 있었던 진짜 비결이다.

'영알못'은 어떻게
음악 수재가 되었나

미국에 살면서 아이들에게 영어책 읽기와 더불어 항상 강조한 것이 있었는데, 바로 음악과 운동이었다. 그중에서도 특히 음악은 책 읽기만큼이나 중요하게 생각했다. 왜냐하면 악기를 배우려면 오랜 시간 동안 꾸준히 해야 하고, 그래서 가능한 한 일찍 시작하는 것이 좋기 때문이다.

악기를 배우는 것은 단순히 악기를 연주하는 능력을 갖추는 것에서 끝나지 않는다. 앞으로 아이의 인생살이에 꼭 필요한 성실성, 지속성, 그리고 반복 훈련이 주는 지루함을 견뎌내고 끝까지

밀고 나가 자신과의 약속을 지키는 힘, 자기효능감 같은 자질을 기르기에 악기만큼 좋은 것이 없다.

거기에다 음악은 사람의 마음을 치료하고 정서를 풍부하게 하는 힘을 가지고 있다. 다른 사람의 연주를 들을 때나 자신이 직접 악기를 연주할 때도 동일한 효과를 경험할 수 있다. 그래서 나는 어릴 때부터 아이들에게 클래식 음악을 많이 들려주었고 직접 악기를 배우고 연주하도록 이끌어 주었다. 딸은 피아노와 플룻을, 아들은 피아노와 바이올린을 배우게 했다.

오케스트라와 피아노 협연을 하다

꾸준한 책 읽기가 아이들의 영어 실력을 길러 주었고, 그 덕분에 실력 있는 미국 선생님과 자유롭게 의사를 교환하며 악기 레슨을 받을 수 있었다. 초등학교 때부터 피아노를 배운 딸은 고등학생이 되자 실력이 일정 수준의 궤도에 올라섰다. 그래서 집 근처에 있는 미국 대학의 음대 교수에게서 피아노를 배우기 시작했다.

미국에서 악기 레슨을 받으며 느낀 점은 미국의 음악 선생님은 기술이나 정교함보다는 정서적인 측면에 더 역점을 둔다는 것이었다. 음악적 기교나 기술이 약간 부족하더라도 곡이 가진 전체적인 느낌이나 정서를 살리는 것을 더 중요하게 여겼다. 곡 하나에 연주자의 감성과 정서를 최대한 이입하고 그것을 마치 한 편의 이야기처럼 들리도록 연주하는 법을 가르쳐 주었다. 아이의 피아노 수업을 참관하면서 피아노 수업이 아니라 문학 수업이나 철학 수업이라는 생각이 들 정도였다. 영어로 진행되는 선생님의 그 섬세한 가르침을 딸은 다 이해하고 선생님이 지도하는 대로 피아노를 연주했다.

실력 있는 피아노 교수님을 만난 덕분에 딸은 고등학교 1학년 때 시립 청소년 오케스트라와 피아노 협연을 하는 영광을 안게 되었다. 미국으로 건너온 지 불과 4년밖에 되지 않았는데 감히 상상도 못 해 본 엄청난 기회가 찾아온 것이다. 많은 미국 학생을 제치고 협연자로 뽑혀 '그리그(Grieg) 피아노 협주곡 1번' 연주를 끝냈을 때, 수백 명의 청중이 그 자리에서 벌떡 일어나 아낌없는 환호와 기립 박수를 보내 주었다.

어떻게 이런 일이 가능했을까? 단순히 피아노를 기술적으로 잘 친다고 해서 얻을 수 있는 결과가 아니었다. 영어로 진행되는 미국 교수님의 음악 수업을 온전히 이해하고, 그것을 자신의 것으로 소화시키고, 가르침 그대로 연습하고 실천했기 때문에 가능한 결과였다. 더 거슬러 올라가면, 도서관 영어책 읽기를 통해 영어의 기본기가 탄탄하게 갖춰져 있었기에 가능한 일이었다. 이 경험을 계기로 나는 또 한 번 깨달았다. 영어 하나만 잘해도 아이들의 세상이 이렇게 넓어질 수 있고, 생각하지도 못한 엄청난 기회가 찾아올 수 있다는 사실을.

스스로 난관을 넘어 음악 캠프에 참가하다

아들도 어렸을 때부터 피아노를 배웠지만, 피아노 연습은 너무 반복적이라 지루하다며 새로운 악기를 배우고 싶어 했다. 그래서 초등학교 5학년 때부터 바이올린을 배우기 시작했다. 처음에는 음악 교육으로 유명한 이스트먼 음대 출신 선생님께 레슨을 받았다. 그러나 시간이 흐르자 더 높은 수준의 레슨을 받고 싶어 했고, 마침내 줄리아드 음대 출신의 대학 교수님께 바이올린 레슨을 받게 되었다. 교수님은 가난한 유학생 가족이라는 우리 형편을 이해하고 재능 기부 수준의 레슨비를 받으면서도 성심성의껏 바이올린을 가르쳐 주셨다. 아들은 따뜻하고 친절한 선생님을 만나고 바이올린과 더 깊은 사랑에 빠졌다. 그 결과 센트럴 버지니아 유스 오케스트라(Central Virginia Youth Orchestra) 악장으로 발탁되었고, 많은 미국 학생과 학부모 앞에서 한국인의 위상을 높일 수 있었다.

음악에 대한 열정이 남달랐던 아들은 여름방학이면 미국 대학에서 주최하는 음악 캠프(Wintergreen Summer Music Academy)에도 참여하고는 했다. 음악에 뛰어난 재능을 가진 고등학생과 대학생을 모아 한 달간 합숙하면서 집중적으로 음악을 가르치는 이 캠프는 바이올린 수업만이 아니라 많은 대학 교수와 음악가를 만나는 기회를 제공해 주었고, 인간관계의 폭을 넓히는 계기가 되었다. 그런데 문제는 이 음악 캠프에 들어가는 비용이었다. 한 달의 합숙 프로그램인데다 최고 수준의 음대 교수가 지도하는 바이올린 레슨이 포함되어 있다 보니 비용이 만만치 않았다. 다행히 비용의 절반은 장학금을 받아 충당할 수 있었지만, 절반은 자신이 직접 해결해야 했다.

음악 캠프에 참가하기를 간절히 원했던 아들은 직접 자금을 모으기로 결정했다. 집집마다 찾아다니며 과자와 음료수를 팔았고, 세차와 바이올린 레슨 아르바이트를 하여 음악 캠프 참가비를 스스로 마련했다. 미국인의 집을 일일이 찾아다니며 자신의 사정을 설명하고 캠프에 참가할 기금을 마련하는 일은 그 자체로 많은 용기가 필요했지만, 그와 더불어 능숙한 영어 실력이 뒷받침되어야 했다. 아들은 음악에 대한 열정이 무척이나 컸기에 이 어려운 난관들을 모두 뚫고 나갔고, 결국 캠프 참가에 필요한 나머지 비용을 직접 마련했다.

이렇게 중고등학교 시절에 꾸준히 갈고닦은 음악 실력으로 대학에 진학해서도 학교 오케스트라 악장으로 활동했고 근로 장학생이 되어 용돈과 기숙사 비용을 충당했다. 유학생은 일을 하거나 돈을 벌 수 없게 되어 있는 미국 사회에서 '합법적으로' 돈을 벌며 대학을 졸업했다.

초등 시절에 심어 둔 도서관 영어책 읽기 프로젝트라는 작은 씨앗은 이렇게 다양한 모습으로 아이들의 인생에 열매를 맺게 했다.

영어책 읽기로 영어 능력을 키우면 학교 성적만이 아니라
다양한 방면에서 풍성한 열매를 거두게 된다.
아이의 삶은 더 풍부해지고 세계는 더 넓어진다.

대학부터 취업까지
초등 영어가 인생을 바꾼다

드디어 꿈에 그리던 회사에 들어가다

초등학교를 다니는 동안 엄마와 함께 영어책 읽기 프로젝트를 꾸준히 한 덕분에 딸은 고등학교를 수석으로 졸업하고 과학 영재학교까지 마쳤으며 여러 명문 대학들로부터 장학금과 입학 제의를 받았다. 그러나 비록 학비를 장학금으로 충당한다 해도 당시 우리 형편으로는 나머지 유학 비용을 감당할 자신이 없었다. 미국에서 초중고를 다니긴 했지만 신분은 여전히 '외국인 유학생'이어서 학비 감면 외에는 어떤 혜택도 받을 수 없었기 때문이다.

딸이 대학 진학을 고민하던 시기가 마침 남편이 유학을 마치고 한국으로 돌아와야 할 때이기도 했다. 딸은 미국 대학 진학에 대한 미련을 버리고 한국에서 가족과 함께 사는 쪽을 선택했다. 평소 수학과 과학에 관심이 많았던 딸은 국내 대학에서 생명공학을 전공하기로 했다. 갈수록 건강과 장수에 관심을 갖는 사람들이 많아지고 바이오산업이 대세가 될 것이라는 전망이 있었기 때문이다.

미국에 있을 때부터 대학 공부는 스스로 벌어서 하는 것이라는 신념이 강했던 딸은 그 비싼 사립대학을 다니면서 한 번도 경제적인 부담을 주지 않았다. 딸은 자신의 영어 실력을 활용해서 국제학교 학생들에게 영어와 수학을 가르치는 것으로 생활비와 용돈을 벌었다. 그리고 대학교 기숙사에서 RA(Residential Assistant)를 하며 주거비를 해결했다.

4년간 자신의 힘으로 대학을 마친 딸은 적성과 전공을 살려 대기업 바이오 회사에 들어갔다. 입사를 앞두고 이런 저런 시험을 준비할 때도 부모는 아무런 도움을 주지 않았다. 모든 것을 스스로 개척하고 준비해 나갔다. 딸을 위해 부모가 해 준 것은 어렸을 때 도서관에 데리고 다닌 것, 밤마다 침대맡에서 책을 읽어 준 것, 그리고 딸의 미래를 위해 하나님께 기도한 것이 전부다.

바이오 회사에 취업한 딸은 본인의 업무를 하면서 임원들의 영어 프레젠테이션 준비를 돕고 있다. 업무 관련 통역이 필요하면 언제든 찾는 사람이 되었다. 자신의 전공 분야 지식만이 아니라 '영어'라는 무기를 가지고 있기에 회사에서는 꼭 필요한 존재로 인식되는 것이다. 오래 전, 낯선 미국 학교에 입학해서 서툰 영어로 훗날 플로렌스 나이팅게일같이 다른 사람을 돕고 사회에 공헌하는 사람이 되고 싶다며 자신의 꿈을 적었던 아이. 엄마의 미국 도서관 점령 프로젝트를 믿고 따라왔기에 그 꿈이 현실로 이루어진 것이 아닐까?

명문 사립대, 2억의 장학금을 제의하다

아들은 한국에서 고등학교를 졸업하고 다시 미국 대학으로 진학하였다. 사실 우리 가족은 유학을 다녀온 후에도 경제 사정이 크게 나아진 것이 없었다. 그렇기 때문에 아들이 미국 대학에 진학하겠다고 했을 때, 눈앞이 캄캄해졌다. 학비는 장학금으로 해결한다 해도 영주권자나 시민권자가 아닌 이상, 유학에 들어가는 비용이 얼마나 큰지를 익히 알고 있었기 때문이다.

하지만 초등학교 때부터 미국 학교를 다닌 아들은 그곳의 자유로운 분위기를 그리워했다. 한국에서 힘들게 고등학교를 마친 아들은 한시라도 빨리 미국으로 가기를 희망했다. '취업을 위한 준비 과정'으로서 대학 공부가 아니라 마음껏 책 읽고 글 쓰고 토론하는 대학 공부를 원했던 것이다. 아들의 깊은 뜻을 모르는 바 아니었지만, 그럼에도 불구하고 비싼 유학 비용을 감당할 자신이 없었다.

한국 대학이냐 미국 대학이냐를 두고 결정하지 못하고 머뭇거릴 수밖에 없었다. 그렇게 답답한 하루하루를 보내던 어느 날, 아들이 지원한 미국의 한 대학교로부터 4년 장학금을 제안하는 편지가 날아왔다. 두 명의 노벨상 수상자를 배출해 내고 아이비리그 교수의 자녀들이 가장 많이 다닌다는 대학, 미국 명문 사립대학 중 하나인 얼햄 대학이 4년간 18만 달러, 우리 돈 2억이 넘는 장학금을 제안해 온 것이다.

얼햄 대학은 우리나라에 잘 알려지지 않은 학교다. 그러나 〈뉴욕타임스〉의 교육 에디터였던 로런 포프가 직접 미국 전역의 대학을 돌아다니며 엄격하게 선별해 정리한 책《삶을 변화시키는 대학》에도 소개될 정도로 강한 대학이다. 이 학교에서 컴퓨터 공학을 전공하면 아이비리그 대학 가운데 하나인 컬럼비아 대학교로 편입할 수 있을 정도로 그 실력을 인정받고 있다. 노벨상 수상자가 두 명이나 나왔다는 사실만으로도 이 학교의 저력을 짐작할 수 있다.

마음껏 책 읽고 글을 쓰는 대학 공부를 원했던 아들에게는 얼햄 대학의 입학 제의를 거절할 이유가 전혀 없었다. 그런데 문제는 기숙사비와 생활비였다. 학비는 장학금으로 해결한다지만, 그 외의 비용을 어떻게 감당할 것인가. 우리는 또다시 깊은 고민에 빠졌다. 아들은 학교의 입학 담당자에게 우리 가족의 재정 상황에 대해 솔직하게 적어 보냈다. 그러자 감사하게도 학교는 아들에게 유학생이 할 수 있는 교내 아르바이트 자리를 마련해 주겠다고 약속하였다. 아들이 제출한 입학 포트폴리오를 통해 바이올린 실력이 탁월하다는 사실을 안 학교는 아들에게 교내 오케스트라를 위해 일할 수 있는 근로 장학생 자리를 제공해 주었다. 그렇게 해서 아들의 미국 대학 진학은 꿈이 아니라 현실로 이루어지게 되었다.

컴퓨터 공학 전공으로 입학한 아들은 1학년을 마치고 영문학으로 전공을 바꾸었다. 대학에서 전공을 끝내고 컬럼비아 대학교로 편입할 것이라고 기대한 가족으로서는 다소 실망스러웠다. 하지만 워낙 어려서부터 책 읽기와 글쓰기를 좋아했던 아이인지라 수학이나 과학 분야는 자신의 적성에 맞지 않았을 것이다. 영문학으로 전공을 바꾼 후로는 물 만난 물고기마냥 영어의 바다를 더 신나게 헤엄쳐 다녔다. 교내 잡지의 편집장을 맡았고 에세이 대회에서 1위를 해 장학금을 받았다.

아들이 지난 4년간 대학을 다니면서 받은 장학금을 계산해 보면 2억 5천만 원은 넘는 것 같다. 딸이 대학을 다니며 '영어'를 수단으로 벌어들인 돈도 만만치 않다. 두 아이가 대학을 다니며 번 돈은 족히 3억 원에 이른다. 남들은 돈을 쓰면서 유학을 하고 대학을 다닌다지만, 아들과 딸은 돈을 벌면서 대학을 졸업한 셈이다.

초등 영어책 읽기를 꾸준히 한 결과,
6년 후 3억의 장학금과 대기업 입사라는 결실을 얻었다.
처음 시작은 미미했지만 결과는 창대했다.

가난해서 물려줄 것이
없다고 핑계 대지 마라

딸과 아들에게 일어난 이 모든 일들이 누군가에게는 기적처럼 여겨질 수 있다. 혹은 미국 공립학교를 다녔기 때문이라고 생각할 수도 있다. 하지만 그게 다가 아니다. 미국에서 초중고를 다녔다고 해서 모든 아이가 뛰어난 학업 성취도를 보이지는 않는다. 우리 가족이 유학할 당시에도 주변에 많은 한인이 살고 있었지만 우리처럼 그렇게 도서관을 사랑하고 책을 가까이하는 사람은 찾아보기 쉽지 않았다.

나는 공립학교 교육에만 의존하지 않고 초등학교 때부터 도서관 점령 프로젝트라는 이름으로 매년 1천 권씩 영어책 읽기를 지속적으로 실천했기 때문에 아이들에게 기적이 일어났다고 확신한다. 비교적 시간의 여유가 있는 초등학교 시절에 책 읽기를 통해 영어를 완성해 놓으면, 아이들의 인생에는 이렇듯 많은 기회와 가능성이 열리고 그것을 통해 부가적으로 부까지 창출할 수 있다.

돈 대신 영어를 물려주라

생각해 보라. 만약 부모가 아이에게 돈을 물려준다면 어떻게 되겠는가? 돈은 한번 잘못 관리하면 한순간에 다 잃어버릴 수 있는 매우 불안정한 재화이다. 사기를 당할 수도 있고 투자에 실패할 수도 있다. 그러면 한 순간에 모든 재산을 잃어버리고 빈털터리가 되는 것이다. 부동산을 물려준다면 어떻게 될까? 부동산 역시 상황에 따라 얼마든지 그 가치가 변할 수 있다. 요즘 종로나 강남에 있는 건물이 텅텅 비고 찾는 사람이 줄어들고 있다는 뉴스를 들은 적이 있다. 돈이나 부동산은 그만큼 불안정한 것이다. 그런데도 많은 부모가 그 불안정한 유산을 물려주기 위해 새벽부터 밤까지 그토록 분주하게 살아가고 있다.

하지만 영어라는 유산을 자녀에게 물려준다고 생각해 보라. 이 유산은 한번 아이 안에 장착되면 어떤 경우에도 사라지지 않는다. 투자에 실패하거나 잃어버릴 염려가 없다. 공실이 날 우려도 없다. 아이의 평생을 책임지는 도구가 될 것이다. 경제적으로 불안정한 시대일수록 아이에게 영어라는 날개를 달아 주고 영어라는 무기를 쥐어 줘 보라. 아이는 평생 이것을 기반으로 자신의 미래를 열어 가고, 자신의 세계를 넓혀 가고, 자신의 직업을 개척해 갈 것이다. 좁은 한국에서 안주하는 것이 아니라 세계에서 경쟁력 있는 글로벌 리더로 성장할 것이다.

아이의 미래를 위한 가장 확실한 투자

영어야말로 아이들이 앞으로 살아가게 될 글로벌 시대에 반드시 필요한 무기이다. 그러니 아이에게 돈이 아니라, 부동산이 아니라 제대로 된 영어 실력을 물려줘라. 금수저가 아니라 '영어책 수저'를 물려주는 부모가 되라. 설령 가난해서 흙수저밖에 물려줄 것이 없어도 괜찮다. 그래도 영어책 읽는 습관만큼은 길러 줄 수 있다. 그러면 아이의 미래는 분명 달라질 것이다. 적어도 자녀 세대에는 가난을 극복하고 경제적으로나 사회적으로 윤택한 삶을 살게 될 것이다.

그런 차원에서 볼 때, 초등 시절에 시작하는 영어책 읽기야말로 부모가 자녀의 미래를 위해 해 줄 수 있는 가장 가치 있고 확실한 투자라고 할 수 있다.

아이들에게 물려줘야 할 것은 돈이 아니라 영어책 읽는 습관이다.
가난해서 물려줄 것이 없다고 핑계 대지 마라.
영어책 읽는 습관은 가난해도 얼마든지 길러 줄 수 있다.

2장

초등 영어 공부는
영어책 읽기가 전부다

영어 공부의 추월차선에
올라타라

엠제이 드마코는 《부의 추월차선》에서 부자가 되는 가장 효과적이고 빠른 길이 무엇인지를 설명하기 위해 피라미드를 쌓는 두 친구의 이야기를 예로 들고 있다.

파라오가 자신의 두 조카 추마와 아주르를 불러 특별한 임무를 준다. 각자 하나씩 피라미드를 만들라는 것이다. 피라미드가 완성되면 그 즉시 왕자의 지위를 주고 수많은 재물과 함께 은퇴하게 해 주겠다는 약속과 함께. 그러자 아주르는 즉시 일을 시작했다.

크고 무거운 돌을 끌어다가 직접 만들었다. 1년의 고된 노동 끝에 어느 정도 모습을 갖추었다. 그러나 추마는 1년이 될 때까지 아무 것도 하지 않고 이상한 기계만 만들고 있었다.

또다시 한 해가 지났다. 아주르는 피라미드의 기초를 마무리하고 다음 층을 쌓기 시작했다. 그런데 문제가 생겼다. 돌이 너무 무거워서 피라미드의 두 번째 층까지 끌어올릴 수가 없었다. 신체적 한계를 느낀 아주르는 더 강한 힘을 기르기 위해 이집트에서 가장 힘 센 사람을 찾아서 근육 트레이닝을 받았다. 하지만 시간이 갈수록 피라미드 건축 속도는 더 느려졌다. 아주르는 자신의 시간과 돈을 운동하며 힘을 기르는 데 사용했다. 3년이 지나자 아주르의 피라미드 건축 속도는 점점 더 느려졌고 조금도 진척될 기미를 보이지 않았다.

3년이 지난 어느 날, 추마가 약 8미터에 달하는 거대한 기계를 가지고 등장했다. 추마가 만든 기계는 무거운 돌을 들어올리기 시작했다. 기계 덕분에 큰 힘을 들이지 않고 돌을 가볍게 옮겼다. 아주르가 1년에 걸쳐 했던 기초 쌓기 작업을 추마는 일주일 만에 끝냈다. 40일이 지나자 아주르가 3년에 걸쳐 해 놓은 작업을 고스란히 따라잡았다. 8년이 지나 추마는 26세의 나이에 피라미드를 완성했다. 시스템을 만드는 데 3년이 걸렸고, 시스템을 이용해서 효과를 거두는 데 5년이 걸렸다. 추마는 왕자의 지위와 함께 엄청난 재물을 받고, 은퇴했다.

그러나 아주르는 계속해서 기존 방식을 유지하면서 작업에 매달렸다. 자기 방식에 문제가 있음을 받아들이지 못하고 감당이 불가능한 수준이 올 때까지 무거운 돌을 옮기고 또 옮겼다. 결국 아주르는 피라미드의 열두 번째 층을 쌓다가 심장마비로 죽었다. 파라오가 약속한 재물을 손에 쥐어 보지도 못했다. 이에 반해 추마는 화려한 왕관을 쓰고 남들보다 40년 일찍 은퇴하고 인생을 즐겼다. 자유로운 시간을 쓸 수 있게 된 추마는 이집트의 위대한 학자이자 발명가가 되었다.

물론 이 이야기는 사람들이 부를 축적하는 방식에 대한 것이다. 아주르처럼 전통적인 방식으로 자신의 노동과 시간을 투입해서 돈을 버는 사람이 있는가 하면, 추마처럼 혁신적인 방법으로 돈을 버는 사람이 있다. 저자는 이 이야기를 통해 제대로 된 부를 쌓기 위해서는 무조건 열심히 일만 할 것이 아니라 '어떻게 하는 것이 효과적인지 방법을 찾아야 한다'는 사실을 말하고 있다. 무슨 일을 하든지 열심히 하는 것보다 더 중요한 것은 '검증된 효과적인 방법'으로 하는 것이다. 그런데 이 원리는 단지 부를 축적하는 일만이 아니라 아이의 영어 교육에도 그대로 적용된다.

마음만 급한 부모, 기다릴 줄 아는 부모

부모 중에는 여전히 아주르의 방식으로 영어를 가르치는 부모가 있고, 추마의 방식으로 가르치는 부모가 있다. 말하자면 아주르처럼 전통적인 방식으로 영어 공부에 접근하는 부모가 있는 반면, 추마처럼 초반에 다소 시간이 걸리더라도 갈수록 영어를 잘할수 있도록 '시스템'을 장착시켜 주는 부모가 있다는 것이다.

전통적인 영어 교육 방식을 고수하는 아주르 방식의 부모는 가르치는 사람이 주도권을 쥐고 단어와 문법을 열심히 암기하면 된다고 생각한다. 아이의 수준이나 흥미를 고려하지 않는다. 한글도 제대로 알지 못하는 아이에게 복잡한 파닉스 규칙을 가르치고 영어 단어를 외우게 하는 방식으로 영어를 가르친다. 그러다 어려운 문장이 나오면 해석을 도와준다. 그리고 또다시 문제집을 풀고, 교재에서 본 문장을 이용해서 글쓰기를 한다. 모든 것이 가르치는 사람의 주도로 이루어지고 아이는 철저하게 수동적인 위치에 있다.

이런 방식으로 영어 교육에 접근할 경우, 초기에는 아이들이 영어를 잘하는 것처럼 보일 수 있다. 대체로 사춘기 이전의 초등 아이는 교사나 부모가 이끄는 대로 따르는 경향이 있고, 시험 결과 또한 수치화되어서 눈앞에 보이기 때문이다. 그런데 이렇게 일찍부터 타의에 의해 시험 중심의 영어를 접한 아이는 앞으로 어떻게 될까? 학년이 올라갈수록 영어에 싫증을 내고 더 이상 실력 향상이 일어나지 않게 된다! 점점 성취감과 자신감이 떨어지고, 결국 영어 자체를 싫어하는 아이로 전락하는 것이다.

실제로 많은 연구 결과가 '사교육을 하면 할수록 성적은 더 떨어진다'는 사실을 보여 주고 있다. 그 가운데서도 한국개발연구원(KDI) 김희삼 연구원이 발표한 〈왜 사교육보다 자기주도 학습이 중요한가?〉라는 보고서를 보면, 사교육 효과는 초등 저학년 때 가장 높았다가 학년이 올라갈수록 줄어들고 중학교 3학년 정도가 되면 더 이상 나타나지 않는다고 설명하고 있다. 스스로 주도하는 공부가 아니라 누군가 옆에서 일일이 설명해 주는 공부를 하면, 혼자 문제를 읽고 이해하는 능력을 기르지 못하기 때문이다.

내가 만난 민석이는 전형적인 아주르 방식으로 영어를 배운 아이였다. 유치원 시절부터 엄마의 강요에 의해 학원가를 전전해 온 아이는 눈동자에 아무 힘이 없었다. 어깨는 축 늘어져 있었고, 배우고자 하는 의욕도, 활기도 전혀 없었다. 선생님이 옆에서 문제를 읽어 주고 답을 불러 주기 전까지 스스로 문제를 풀거나 답을 찾지 않았다. 철저하게 수동적으로 움직였고, 모든 것을 교사에게 의존했다.

입에서는 영어가 싫다는 말이 습관처럼 흘러나왔다. 그렇게 영어가 싫은데 왜 학원에 오냐고 물으면, 엄마 때문에 어쩔 수 없이 다닌다고 대답했다. 한시라도 빨리 영어 학원을 끊고 싶지만 사실대로 말했다간 엄마한테 혼날 것이 뻔해서 진실을 숨기고 있다고 했다. 초등 5학년밖에 되지 않았는데도 이 아이의 마음은 '영어 실패자', '더 이상 영어를 잘할 수 없는 사람'이라는 부정적인 신념으로 가득 차 있었다. 앞으로 머나먼 영어 마라톤 코스를 달려야 할 초등학생 아이가 이렇게 벌써부터 무력감에 빠져 있는 것을 보면서 마음에 깊은 슬픔과 참담함을 느꼈다.

'열심히'가 아니라 '효과'가 중요하다

영어책 읽기는 처음에는 결과가 눈에 보이게 나타나지 않는다. 복잡한 파닉스 규칙을 가르치지 않고, 문법을 가르치지도 않는다.

공인 성적 따위도 크게 신경 쓰지 않는다. 그저 아이들이 영어책을 좋아하고 책 읽기에 집중할 수 있도록 독서 환경을 만들어 주는 것에 초점을 맞춘다. 빠른 성과를 기대하는 조급한 엄마는 '과연 책만 많이 읽는다고 영어 실력이 늘까' 하는 의심의 눈초리로 바라본다. 초반의 느린 정체기를 견디지 못한 엄마는 또다시 아주르 방식으로 돌아간다.

영어책으로 영어를 배우는 아이는 초반에는 다소 느린 것 같아 보이지만 시간이 갈수록 속도가 붙는다. 스스로 책 읽기를 즐기게 되기 때문이다. 책이 주는 다양한 효과를 습득하고 더 깊은 즐거움과 정보의 세계로 빠져든다. 추마처럼 영어 공부에서 일찍 은퇴하고 평생 영어가 주는 유익을 맛보며 살게 된다. 그러므로 아이의 인생 초반, 특히 초등 저학년 시기에 영어책 읽기로 영어를 배우게 해 주는 것이야말로 '영어 피라미드'를 가장 빠르고 효과적으로 건축할 수 있도록 만들어 주는 것이다.

영어를 잘하고 못하고는 '얼마나 일찍 시작했느냐, 영어 유치원을 다녔느냐'에 의해 결정되지 않는다. 초등학생 시기에 영어에 대해 어떤 느낌과 생각, 태도와 습관을 가지게 되었느냐에 의해 결정된다. 영어책 읽기를 통해 스스로 책을 읽고 이해하며 생각하는 능력을 길러 가는 아이만이 결국 영어의 추월차선을 달리게 될 것이고, 더 나아가 인생의 추월차선을 달리게 될 것이다.

영어 교육에서 중요한 것은 '얼마나 열심히 하느냐'보다는 '얼마나 효과가 있느냐'이다. 어떤 사람은 영어책 읽기로 영어 공부를 하면 안 된다고 주장하기도 한다. 영어책은 공부를 하기 위한 것이 아니라 즐거움을 위한 것이고, 영어책이 공부의 수단이 되면 영어책을 더 멀리할 수도 있기 때문이라고 한다. 물론 이 주장에도 일리는 있다고 본다. 아이에 따라 얼마든지 그런 부작용이 나타날 수도 있다. 그러나 그 모든 부작용을 감안하더라도, 영어책 읽기는 다른 어떤 학습 방법보다 빠르고 효과적이라는 내 믿음에는 한 치의 변함이 없다. 왜냐하면 나의 두 아이가 효과를 보았을 뿐만 아니라 지금까지 수많은 아이에게 영어를 가르치면서 충분히 검증했기 때문이다.

영어를 배우는 데도 추월차선이 있다.
영어책 읽기는 처음에는 느리지만 꾸준히만 하면 가속도가 붙는다.
그러니 영어책 읽기로 시작하라.

왜 한국인은
영어를 못할까

　미국에서 생활하면서 가장 뼈저리게 깨달은 것은 영어는 시험 과목이 아니라 살아 있는 언어라는 사실이다. 영어는 의사소통을 위한 수단이다. 영어라는 수단이 있었기에 미국인뿐만 아니라 남미, 유럽, 아시아, 아프리카 등 세계 전역에서 온 다양한 사람을 친구로 사귈 수 있었다. 중국어를 못해도 중국인과 대화할 수 있었고, 일본어를 못해도 일본인과 대화할 수 있었다. 영어라는 공용어가 있었기 때문이다. 영어 하나만 제대로 구사할 수 있어도 세계 모든 나라 사람과 대화하고 자신의 세계를 확장해 갈 수 있다

는 사실이 신기하고 놀라웠다.

그런데 외국인을 위해 마련된 ESL 수업에 가 보면 유독 우리나라 사람들만 입을 굳게 다물고 대화나 토론에 참여하지 못하는 것을 볼 수 있었다. 알파벳조차 제대로 쓰지 못하고 문법과 문장력이 엉망인 남미나 유럽 사람은 자유롭게 영어를 구사하는데, 왜 우리는 그 많은 시간과 돈을 영어에 투자하고도 정작 영어를 써야 할 상황에서는 꿀 먹은 벙어리가 되고 마는 것일까? 지능이나 아이큐에서는 세계 최고를 자랑하는 우리 민족이 왜 영어에서는 이렇게 하위권을 면하지 못하는 것일까?

영어는 '점수'가 아니라 '말'이다

나는 그 원인이 우리나라의 잘못된 영어 교육 방식에 있다고 생각한다. 영어를 살아 있는 언어가 아니라 공부해야 할 시험 과목으로 접근하기 때문이다. 이런 문제점을 개선하기 위해 학교에서도 표현 능력을 길러 주는 '말하기와 쓰기'를 중심으로 수행평가를 한다고는 하지만, 아직 이렇다 할 큰 변화는 없는 것 같다. 학교나 학원에서 가르치는 방식을 보면 여전히 단어와 문법에 집착하고 문제집 풀이를 반복한다. 그러다 보니 영어로 말해야 하는 상황이 오면, 혹시라도 내 발음이 잘못되지는 않을까, 문법에 오류가 있지는 않을까 하는 두려움 때문에 입을 다물고 만다. 영어를 의사소통의 수단이 아니라 시험 과목으로 받아들인 결과다.

어렸을 때 영어권에서 살다 온 아이들이 한국 학교에 적응하면서 가장 힘들어하는 점도 바로 이것이다. 시험을 위한 영어를 공부해야 한다는 것이다. 우리 아들도 미국에서 초등학교와 중학교를 마치고 한국의 고등학교에 진학했을 때 시험 중심의 영어 수업을 가장 힘들어했다. 원어민 수준의 영어를 구사하면서도 학교 수업에는 심한 스트레스를 받았다. 그러다 보니 점점 영어에 자신감을 잃어버리고 위축되어 갔다. 그만큼 우리나라에서는 영어가 '시험을 위한 과목'으로 자리 잡고 있다는 뜻이다.

물론 시험으로 학습자의 영어 실력을 평가하는 것 자체는 잘못이 아니다. 시험이 있어야만 학습자의 현재 상태나 가르치는 교사의 문제점을 파악할 수 있다. 다만 문제는 아이들이 영어를 다른 과목처럼 암기하는 과목, 시험을 위한 과목으로만 인식하는 것이다.

생생한 표현이 가득한 영어책이 최고의 교재

영어뿐만 아니라 외국어를 배우는 이유는 그 언어를 사용하는 사람들과 소통하기 위해서다. 자신의 생각을 자유롭게 말하고 다른 사람의 생각을 받아들임으로써 서로 협력하고 발전하고 서로의 이익을 함께 추구해 가는 것에 외국어를 배우는 진정한 목적이 있다. 이 본질적인 문제를 망각한 채 계속해서 문법과 단어 암기, 시험 점수에만 집착한다면 아무리 많은 돈과 시간을 투자해도 자유롭게 의사소통을 할 수 있을 정도의 영어 실력을 갖추기는 어렵다. 영어 교육 전문가인 민병철 교수는 자신의 책에서 이렇게 말한다.

"영어를 절대 과대평가하지 말라. 영어는 숟가락이다. 도구일 뿐이다. 영어의 핵심은 점수가 아니라 소통력이다. 이 시대 영어 학습에서 정말 중요한 것은 소통 능력과 감수성이다. 여유롭게 자신을 성찰하고, 남의 의견을 경청하고, 다른 문화에 대해 열린 마음으로 성찰할 줄 아는 인재를 글로벌 기업들은 원하고 있다."

그리고 이어 말하기를 "의사소통을 위한 영어를 구사하기 위해서는 무엇보다 영어를 배우는 학생 자신이 적극적이고도 능동적으로 학습에 참여해야 한다. 영어라는 것이 살아 있는 언어라는 것을 감안할 때 그것을 잘하기 위해서는 스스로 읽고, 쓰고, 표현하고, 반복해서 자꾸 사용해야 한다. 그래야만 그 언어에 능숙해지게 된다. 단어장 안에 있는 단어만 따로 암기하고, 문제집에 실려 있는 문제만 풀고 있을 것이 아니라, 실제 상황에서 영어가 어떻게 사용되는지를 배우고 익혀야 한다"고 주장하고 있다.

그렇다면 민 교수가 말하는 의사소통 수단으로서 영어를 배우기에 가장 좋은 방법은 무엇일까? 바로 영어책을 통해 영어권 사람들이 실제 생활에서 어떤 표현을 사용해서 의사소통을 하는지를 배우고 그것을 반복해서 연습하는 것이다. 그런 측면에서 볼 때, 영어책이야말로 현재 영어권 사람들의 실제적인 의사 표현 방식을 배우고 연습할 수 있는 최고의 교재라고 말할 수 있다.

처음 미국에 갔을 때 아이들을 데리고 아파트 놀이터에 자주 나갔다. 그런데 놀이터에서 미국 아이들이 주고받는 대화를 들으며 큰 충격에 빠졌다. 5~6살짜리 유치원생이 주고받는 일상 대화조차 알아듣지 못하는 나 자신을 발견했기 때문이다. 한국에서 십수 년 간 수없이 많은 단어를 외우고, 수없이 많은 독해와 문법 문제를 풀고, 대학원에서 전공 서적을 영어로 읽었지만 정작 나의 의사소통 능력은 미국 유치원생보다 못한 수준에 머물러 있었던 것이다. 문법 중심의 영어 교육이 낳은 처참한 결과였다.

그날의 충격 이후로 도서관에서 빌려 온 영어 동화책은 단지 아이들만을 위한 것이 아님을 알게 되었다. 교과서 안에 박혀 있는 어렵고 고상한 영어가 아니라 일상에서 사용되는 영어 표현을 익히기에 아이들이 읽는 영어 동화책만큼 좋은 교재는 없기 때문이다.

영어는 시험 과목이 아니라 의사소통 수단이다.
영어권 사람이 실제 사용하는 표현이 가득한 영어책이야말로
의사소통 수단으로서 영어를 배울 수 있는 최고의 교재다.

왜 우리 아이는
영어를 싫어할까

영어 교육 현장에 있다 보니 많은 아이들을 만나는데, 안타깝게도 대부분 영어 혐오증에 시달리고 있다. "영어가 정말 재밌어요"라고 말하는 아이는 100명 중에 한 명도 채 만나기 어렵다. 분명 어딘가에 영어가 재밌어 죽겠다고 말하는 희귀한 아이가 존재하겠지만, 현실에서는 좀처럼 만나기가 쉽지 않았다.

도대체 어쩌다가 아이들이 이렇게 되었을까? 누가 이 아이들에게 이토록 깊은 영어 혐오증을 심어 줬을까?

아이들이 영어를 싫어하게 되는 원인은 일차적으로는 부모에게 있다. 아이들에게 영어를 가르치는 부모를 보라. 대부분 영어에 한이 맺힌 사람이다. 초등학교 때부터 대학을 졸업할 때까지 20년 가까이 영어를 배웠지만 여전히 외국인을 만나면 머릿속이 하얘지고 가슴이 울렁거리는 사람이다. 게다가 지금 초등학생의 부모는 IMF를 경험한 세대로 경제 불황에 대한 공포심을 가지고 있다. 영어를 잘해야 입시와 취업 등 많은 경쟁에서 살아남을 수 있다는 강박관념이 강하게 자리 잡고 있는 것이다.

영어 혐오증에 빠진 아이들

이들 부모의 영어에 맺힌 한은 자연스럽게 아이에게로 넘어간다. '적어도 내 자식은 영어에서 자유로운 아이로 키우고 싶다', '내 자식만큼은 대기업에 들어가서 글로벌 리더가 되게 하겠다', '안정된 직업과 미래를 안겨 주고 싶다'는 욕망이 아이에게 영어를 강요하는 방식으로 나타나게 되는 것이다.

어떤 부모는 자신이 가진 영어의 한을 풀기 위해 일찌감치 자녀를 영어권 국가로 보내 현지에서 영어를 배우게 한다. 실제로 어린 자녀의 어학연수와 유학은 이미 보편화되어 있는 상황이다.

아이의 영어를 위해서라면 '기러기 가족'으로 사는 것도 기꺼이 감수한다.

부모는 이 모든 것이 아이의 미래를 위해서라고 하지만, 아이는 알고 있다. 이 공부는 결코 자신을 위한 것이 아니라 부모의 한을 풀기 위한 것이라는 사실을. 그러다 보니 아이는 처음부터 영어라는 언어에 대해 부담감과 불편한 감정을 안고 출발한다. '영어는 나의 의지와 상관없이 어쩔 수 없이 해야 하는 것이구나'라고 생각한다. 자발적인 공부가 아니라 외부의 강요에 의한 공부가 시작되는 것이다.

상황이 이렇다면, 아이의 뇌에 '영어는 정말 싫은 것, 영어는 재미없는 것, 어쩔 수 없이 억지로 해야 하는 것'이라는 의식이 고정되는 것은 당연하지 않을까? 어느새 아이의 뇌는 영어에 대한 부정적인 느낌으로 가득 차게 된다.

부모의 영어 강박증 외에 아이가 영어에 부정적인 감정을 갖게 만드는 아주 중요한 원인이 있다. 어쩌면 이것이 더 근본적인 원인일 것이다. 바로 영어 교육 방식이다. 영어 사교육의 원조라 할 수 있는 정철 선생님은 우리나라 영어 교육 방식을 가리켜 "절대 영어를 잘할 수 없도록 만들어 놓은 방식"이라고 말한 적이 있다. 그는 자신의 책에서 이렇게 말하고 있다.

"영어를 운전이라고 치자면 우리나라 교육은 아이들에게 운전과 별 상관이 없는 자동차 부품이나 기능 같은 것을 암기하도록 하고 있다. 운전을 잘하기 위해서는 액셀러레이터와 브레이크를 구분하고 운전대를 움직이면 되는데, 우리나라 아이들은 전문가들조차 기억하기 어려운 자동차 내부 기능과 구조를 배우고 암기하는 일에 엄청난 시간을 쓰고 있다."

정말 적절한 비유가 아닐 수 없다. 현실이 이렇다 보니 아이들은 자신들의 의사와 상관없이 말 그대로 '공부를 위한 영어, 성적을 위한 영어'만 배우고 있다. 아이들은 영어라는 무거운 등짐을 지고 심리적인 탈진과 학습 무기력증, 영어 혐오증에 시달리며 어른이 만들어 놓은 영어 시장에서 억지 소비자가 되어 하루하루 피곤한 삶을 살고 있다.

영어를 싫어하면 인생을 싫어한다

더 심각한 문제는 이렇게 어렸을 때부터 영어를 배우는 것에 부정적 감정을 경험하고 그것이 쌓이다 보면 아이들은 부모의 기대와는 전혀 다른 방향으로 나갈 가능성이 높아진다는 점이다. 경우에 따라서는 영어만이 아니라 아예 배움 자체를 거부하고 인생 전반에 대해 부정적인 사람으로 성장할 수도 있다.

설령 영어를 꾸준히 공부한다 해도 그것이 스스로 즐거워서 하는 공부가 아니라 외부의 강요와 압박 때문에 억지로 하는 공부라면, 아이들은 영어에 대해 지식은 많이 가지고 있지만 정작 영어를 사용해야 하는 상황에서는 아무런 능력을 발휘하지 못하게 된다. 내적인 자신감이 부족하기 때문이다. 과도하거나 방향이 잘못된 영어 교육은 그만큼 아이의 인생 전반에 부정적인 영향을 끼친다.

사실 많은 어른들이 수동적이고 주입식인 교육의 문제점을 잘 알고 있다. 그런데도 왜 이미 효과도 없고 잘못된 것으로 검증된 교육 방식을 계속해서 고집하는 것일까? 왜 부모 세대는 자신이 실패한 교육법을 아이에게 강요할까? 정말 대안은 없는 것일까? 아이가 즐거운 마음으로 스스로 공부할 수 있는 길은 정녕 없는 것일까?

공부를 많이 해서 영어 지식은 많은데
정작 영어가 필요한 상황에서는 왜 능력을 발휘하지 못할까?
억지로 공부해서 그렇다. 내적인 자신감이 부족해서 그렇다.

원래 아이들은
배우는 것을 좋아한다

———

몬테소리 유아 교육의 창시자인 몬테소리 여사는 아이들이 주도적으로 주제를 정해서 자발적으로 공부하면 즐거움을 느낄 뿐 아니라 엄청난 몰입과 집중력을 보인다고 했다. 즐거움과 집중력을 가지고 공부를 하면 탁월한 성취를 올리는 것은 당연하다. 그리고 성취가 누적되면 자신감과 자존감이 올라가고, 이후에도 계속해서 새로운 과제에 도전하고 집중하고 몰입하는 원동력으로 작용한다.

이런 관점에서 보자면, 아이들은 원래 학습 자체를 싫어하거나 억지로 마지못해 하는 존재가 아니다. 자유로운 분위기에서 배움의 즐거움을 느끼게 해 주면 기대 이상의 탁월한 성취를 만들어 낼 수 있는 존재가 바로 우리 아이들이다. 그런데 교육에 대한 어른들의 잘못된 접근과 욕심이 아이들에게서 그들 안에 내재된 무한한 잠재력과 배움의 즐거움을 빼앗고 있다.

어떻게 영어의 즐거움을 되찾을까?

이는 영어 공부에 있어서도 마찬가지다. 그렇다면 어떻게 영어의 즐거움을 회복시킬 수 있을까? 답은 하나다. 자신의 눈높이에 맞는 영어책 읽기를 통해 '영어의 즐거움'을 발견하게 하는 것이다. 그러면 아이들은 회복될 수 있다. 영어책 읽기가 정말 신나고 재미있다는 사실을 반복적으로, 그리고 지속적으로 경험하면 아이들은 자발적으로 책을 읽으려 할 것이고, 좋아하는 일을 하는 만큼 몰입과 집중을 하게 될 것이다. 결과적으로는 기대 이상의 놀라운 성취를 보이게 될 것이다.

미 남가주 대학교의 명예 교수이자 세계적인 언어학자인 스티븐 크라센 교수는 자신의 책《읽기 혁명》에서 "아이들이 즐기면서 책을 읽을 때, 아이들이 책에 사로잡힐 때, 아이들은 부지불식간에 노력을 하지 않고도 언어를 습득하게 된다"라는 사실을 방대한 연구 자료와 사례들을 통해 밝히고 있다.

소아청소년 정신과 전문의 서천석 박사 역시 자신의 책《하루 10분, 내 아이를 생각하다》라는 책에서 '아이들은 누구나 똑똑해지고 싶어 하고, 공부를 좋아하는 존재'라고 말하고 있다. 다만 너무 어린 나이에 시험을 치르고 문제를 풀고 외우는 것을 강요받다 보니 공부를 싫어하게 되었을 뿐이다. 어른들이 비교를 통해 상처를 주고, 잘 살려면 공부를 잘해야 한다고 두려움을 심어 준 결과, 공부를 무서워하게 되고, 생각만큼 안 되니까 좌절감을 가진다는 것이다.

영어책 읽기에 빠진 아이들

아이들이 좋아하는 영어책 시리즈 중에《프로기(Froggy)》시리즈가 있다. 프로기라는 이름을 가진 어린 개구리의 일상을 그린 책이다. 아이다운 천진난만함과 실수를 연발하는 모습이 아이들에겐 정말 커다란 공감을 불러일으킨다. 거기에다 프로기 부모의 사랑과 이해심은 아이들의 마음을 따뜻하게 만든다. 이런 책을 읽다 보면 아이들은 마치 자신의 이야기를 읽는 것 같은 느낌을 갖게 되고 계속해서 프로기 시리즈를 읽고 싶어진다.

태우는 《프로기(Froggy)》 시리즈를 읽기 시작하더니, 어느 순간 책 한 권을 다 외워 버렸다. 누가 시키지 않았는데도 책이 너무 재밌어서 반복해서 읽다 보니 외우는 상태까지 간 것이다. 누가 시키거나 강요하지 않았는데도 스스로 다음 책을 읽기 시작했고, 20권이 넘는 시리즈 전부를 구입해 달라고 엄마를 조르기까지 했다. 억지로 외우라고 강요한 적도, 제발 영어책 좀 읽으라고 잔소리한 적도 없는데, 스스로 책 읽는 즐거움을 느끼다 보니 이런 결과가 나온 것이다. 이것이 바로 아이들의 원래 모습이요, 자발적인 독서가 가진 힘이다.

정수도 마찬가지다. 일반 영어 학원을 다닐 때는 하루에 단어 40개 외우기와 문법 규칙 외우기에 지쳐 있었다고 한다. 그런데 《프로기(Froggy)》 시리즈로 영어책 읽기를 시작하면서 책 읽기의 즐거움에 빠졌다. 《프로기(Froggy)》 시리즈를 읽고 영어에 자신감과 즐거움을 경험한 정수는 스스로 더 높은 단계의 책을 읽어 나가기 시작했다. 스스로 좋아서 영어책을 읽다 보니 4개월 만에 700권이 넘는 영어책을 읽었다. 영어를 대하는 태도 자체가 완전히 달라진 것이다. 정수 어머니는 아이가 밤늦게까지 혼자 낄낄거리며 영어책을 읽는 것을 보며 영어책 읽기의 효과를 깨달았다고 한다. 이것이 바로 영어책 읽기가 가진 힘이다.

영어책 읽기와 사랑에 빠진 아이를 말하자면, 혜인이를 빼놓을 수 없다. 영어책을 읽기 전부터 엄마와 한글책을 꾸준히 읽어 온 혜인이는 영어책을 읽을 때도 책에 대한 이해가 빨랐고 집중력도 뛰어났다. 평소 책 읽는 습관이 몸에 배어 있는 아이다 보니 영어책 읽기와 사랑에 빠진 후로는 한 달에 200권 이상의 책을 거뜬히 읽고 있다.

초등학교 1학년인 예린 역시 영어책 읽기를 좋아해서 3개월 만에 200권이 넘는 책을 읽었다. 누가 시키지 않아도 스스로 책을 읽고 자신이 읽은 책을 매일 녹음까지 해서 나에게 전송하는 것을 보면 초등학교 1학년이라고 믿기 어렵다.

영어가 행복이 되도록

아이들이 스스로 책 읽기의 즐거움을 발견하고 그 즐거움에 중독되어 가는 것을 보면 나도 몰래 미소가 지어지고 교사로서 보람을 느끼게 된다. 책이 가진 그 강력한 힘에 새삼 놀라게 된다.

이처럼 자발적인 책 읽기는 아이에게 책 읽는 즐거움만 아니라 영어에 대한 집중력과 지속할 수 있는 힘을 길러 준다. 처음 영어를 접했을 때의 경험이 '행복한 느낌'으로 기억되면 아이는 평생에 걸쳐 영어를 즐길 수 있다. 반대로 처음 영어를 접했을 때의 경험이 부정적이면, 영어는 평생 무거운 짐이 되어 아이 뒤를 따라다니게 될 것이다.

그러므로 아이들의 첫 영어 경험이 즐겁고 행복하고 긍정적인 느낌을 갖도록 환경을 조성해 주어야 한다. 아이에게 영어가 행복한 경험이 될 수 있도록 만들어 주는 최선의 방법이 무엇인가? 바로 영어책 읽기의 세계로 안내해 주는 것이다.

아이가 영어책 읽기의 즐거움에 한번 빠지면,
1개월에 200권, 3개월에 400권, 4개월에 700권을 읽어낸다.
누가 시키지 않아도 자기가 좋아서 스스로 책을 찾아 읽는다.
이것이 영어책 읽기의 진짜 힘이다.

어떻게 '영어 자신감'을
만들어 줄 것인가

 초등 영어의 목표는 얼마나 많은 양의 단어를 암기하고 얼마나 높은 레벨의 영어책을 읽느냐가 아니다. 물론 진도가 빠르게 진행되어 단기간에 높은 수준의 영어책을 척척 읽어내고 말하기, 쓰기까지 능숙하게 해낸다면 좋겠지만, 이런 외적인 결과보다 더 중요한 것이 있다. 바로 아이가 영어를 대하는 내적인 태도이다. 내적인 태도가 바로 잡혀야만 초등 시기 이후에도 지속적으로 좋은 결과를 만들어 낼 수 있다.

 아이들을 가르치다 보면, 서로 '얼마나 높은 반에 있느냐'를 가지고 비교하고 경쟁하는 모습을 자주 본다. 매일 치루는 단어 시험 점수 하나로 울고 웃는다. 이런 비교와 경쟁을 하는 것은 아이만 아니라 엄마도 마찬가지다. 리딩 수준이나 영어 성적을 기준으로 아이들의 높낮이를 재는 엄마가 있다. 하지만 이런 것은 아무 의미가 없다. 초등 시절에 레벨이 높은 반에 있다고 해서, 어려운 단어를 많이 암기하고 있다고 해서, 그 아이가 앞으로 계속 영어를 잘하리라는 보장은 없다.

어떤 아이는 다른 아이보다 성실해서 단어를 좀 더 잘 외우고 시험을 좀 더 잘 볼 수는 있다. 학습으로 영어를 배우는 아이가 초반에는 앞서 가는 것처럼 보일 수 있다. 그렇다고 이것이 반드시 상급 학교에 올라가서도 영어 실력이 좋을 것이라고 보장해 주지는 않는다.

학습량이 많지 않은 초등 시절에는 아이의 진정한 실력을 분간하기 어렵다. 학습량이 많아지고 높은 수준의 이해력과 사고력을 요구하는 문제들이 등장하는 중고등학교에 들어가면 비로소 아이의 진짜 실력이 드러나기 시작한다. 이 시기에 진정한 실력자로 남기 위해서는 초등 시기에 영어의 뿌리를 튼튼하게 내려야 한다.

초등 영어는 성적순이 아니다

초등 시절에 영어의 뿌리를 튼튼하게 내리게 하려면 '영어에 자신감을 갖게 해 주는 것'이 가장 중요하다. '나는 영어책을 즐겨 읽을 만큼 영어를 잘하는 사람'이라는 정체성을 가질 수 있도록 매일 작은 성공 경험을 갖게 해 주는 것이다. 다른 사람과 비교하는 것이 아니라 어제보다 조금이라도 더 성장한 자신을 보며 기뻐하는 것이다.

초등 저학년인데도 벌써부터 또래 아이들과 자신을 비교하며 스스로를 '영어 실패자' 혹은 '영어 못하는 아이'라고 생각하는 아이들이 의외로 많다. 주변에 워낙 영어를 잘하는 아이들이 많다 보니 웬만큼 잘해서는 잘한다는 생각이 들지 않는 것이다. 그래서 영어를 꽤나 잘하는 아이인데도 늘 얼굴 표정이 어둡고 자신감이 없는 모습을 보면 안타까운 마음이 들기도 한다. 나는 이런 아이를 볼 때마다 자신감을 심어 주고 '영어 잘하는 아이'라는 정체성부터 갖게 해 주려고 노력한다. 자신감을 잃은 아이는 아무리 좋은 것을 쏟아 부어도 받아들이지 못하기 때문이다.

아이가 영어책 읽기를 좋아하고 영어 잘하는 사람이라는 정체성을 가지려면 자신의 리딩 레벨에 맞는 쉽고 재미있는 영어책을 많이 읽도록 도와주는 것이 가장 좋은 방법이다. 영어책을 읽어 가다 보면 자신이 영어책을 읽을 수 있는 사람이라는 사실에 스스로 놀라고, 이것을 커다란 성공 경험으로 받아들인다. 이런 성공 경험이 반복되면, '나는 영어를 잘하는 사람, 나는 영어를 좋아하는 사람'이라는 정체성을 가지게 된다. 다소 시간이 걸리더라도 이처럼 내면 바로 세우기 작업부터 해야 아이는 영어에 마음을 열고 친근하게 다가오게 된다.

어떻게 '영어 자신감'을 만들어 줄 것인가

내가 만난 시후라는 아이가 바로 그런 아이였다. 시후가 처음 나를 찾아왔을 때, 3학년인데도 아직 알파벳과 파닉스가 제대로 잡혀 있지 않았다. 요즘 대부분의 아이들이 유치원 시기에 알파벳이나 파닉스를 학습하는 것에 비하면 출발이 상당히 늦은 편이었다. 엄마는 학원만 보내면 모든 문제가 해결되리라는 믿음으로 억지로 대형 어학원에 보냈다.

그런데 시후는 암기와 시험의 연속인 영어 학원을 극단적으로 싫어했다. 실력은 전혀 향상되지 않았고, 시간이 지날수록 영어에 대한 좌절감과 반감만 쌓였다. 상대적으로 영어를 잘하는 또래 아이들을 보며 스스로 영어를 못하는 아이라는 부정적인 정체성을 형성하기 시작했다. 학원 수업이 있는 날이면 엄마는 아이와 한바탕 전쟁을 치러야만 했다. 아이와의 갈등을 견디다 못한 엄마는 수소문 끝에 시후의 손을 끌고 나를 찾아온 것이다.

'제발 아이가 영어를 싫어하지만 않게 해 주세요.'

간절히 부탁하는 어머니 옆에서 시후는 죄인이라도 된 것처럼 고개를 숙이고 있었다. 따지고 보면 아이가 잘못한 것은 아무 것도 없다. 잘못이 있다면 아이에게 잘못된 방식으로 영어를 가르친 어른에게 있다. 시후를 바라보자니 깊은 슬픔이 몰려왔다.

'누가 이 아이에게 이렇게 깊은 좌절감을 심어 놓았을까? 누가 이 아이의 영혼에 이렇게 깊은 상처를 남겼을까?'

시후 같은 아이에게 중요한 것은 새로운 영어 단어 하나 더 가르치는 것이 아니다. 새로운 문법 규칙 하나 더 심어 주는 것이 아니다. 영어 때문에 받은 내면의 상처부터 치유해야 한다. 영어에 대해 가진 부정적인 감정을 씻어내고, 이전과는 전혀 다른 감정, 긍정적인 감정을 경험하도록 도와주는 것이다. 시후를 처음 만날 날부터 나는 목이 쉬도록 영어 그림책을 읽어 주기 시작했다. 아이의 마음에 영어의 새로운 세계를 열어 주고 싶었다.

영어를 배운다는 것이 얼마나 재밌고 신나는 경험인지 알게 해 주고 싶었다. 영어 때문에 상처입은 아이의 마음을 어루만지며 쉽고 재미있는 책부터 큰 소리로 읽어 주자 놀라운 변화가 일어나기 시작했다. 영어의 '영' 자만 들어도 거부감을 표현하고 영어로 된 이야기를 듣지 않으려고 귀를 틀어막던 아이가 조금씩 영어책에 관심을 보이기 시작했다. 조금 더 시간이 지나자 책꽂이에서 자기가 좋아하는 책을 꺼내 와서 읽어 달라고 조르기까지 했다. 그리고 곧 스스로 쉬운 단계의 영어책을 소리 내어 읽어 나갔다.

그렇게 4개월 지난 지금 200권이 넘는 영어책을 자발적으로 읽고 있다. 매일 밤마다 영어책을 낭독해서 나에게로 전송하는 시후의 목소리에는 자신감과 에너지가 넘친다. 음성 녹음 전송 카톡에는 항상 하트도 함께 달려 있다. 나에게 사랑을 전하는 마음이자, 영어를 향한 사랑의 감정이다.

시후의 사례는 잘못된 영어 학습 방법으로 일찍 영어에 좌절하고 마음의 문이 닫힌 아이라도 영어책을 만나면 얼마든지 상처가 치유되고 영어에 대한 생각이나 태도가 바뀔 수 있다는 사실을 보여 준다. 초등 시기에 하루 1~2시간이라도 영어책 읽기에 시간을 투자하면 얼마든지 영어에 자신감을 가진 아이로 변할 수 있다.

초등학교 아이에게 중요한 것은 영어 점수도, 암기하는 단어 개

수도 아니다. 쉽고 재미있는 영어책을 통해 영어에 흥미와 자신감을 가지도록 만들어 주는 것이다. 영어에 자신감을 가진 아이는 이후 상급 학교에 진학하고, 더 나아가 사회에 진출했을 때 적어도 영어에서만큼은 앞서 가게 될 것임은 지극히 당연하다.

학습량 자체가 적은 초등 시기 성적은 아무런 의미가 없다.
문법, 단어를 암기시키느라 아이를 녹초로 만들 것이 아니라,
쉽고 재미있는 영어책 읽기로 영어를 즐기게 하라.

영어책 읽기가
전천후 학습법인 이유

'책 읽기로 영어를 가르친다' 하면 많은 사람이 '정말 영어책 읽기만으로 영어가 해결될까?'라는 반응을 보인다. 영어책 읽기로 영어를 배우면, 영어의 여러 영역 가운데 오직 읽기 실력 하나만 기르는 것이라고 생각하기 때문이다. 그러나 이것은 영어책 읽기의 진면모를 몰라서 갖는 오해에 불과하다.

우리나라 영어 교육의 선구자라 할 수 있는 민병철 건국대 교수는 2007년 서울 서초구의 요청으로 유치원생과 초등학생을 대상으로 영어 교육 프로그램을 수행했다. 당시는 지자체들이 대규모의 공적 자금을 투입하여 앞다투어 영어 마을을 시작했지만 대부분 실효를 거두지 못하고 매년 엄청난 적자를 내고 있을 때였다. 그런데 민 교수는 이들과 달리, 아이들의 독서 능력을 정확히 측정한 다음 능력에 맞는 책을 읽게 했다. 미국 학교에서 가장 인기좋은 동화책과 소설책을 제공하고 읽게 한 것이다.

부모들은 걱정했지만 놀랍게도 아이들은 스스로 좋아하는 영어 콘텐츠와 책을 찾았고, 거기에 지속적인 흥미를 보였다. 아이들은 스스로 어른들에게 다가와 '이건 어떻게 읽는 거냐'고 물었다. 어른들은 아이들에게 많은 것을 가르쳐 줄 필요가 없었다. 조금만 가르쳐 주면 아이들은 스스로 깨치고 영어의 매력에 빠져들게 되었기 때문이다.

외국어를 공부하는 가장 효과적인 방법

그런가 하면, 미 남가주 대학교의 명예 교수이자 언어학자인 스티븐 크라센 박사는 《읽기 혁명》이라는 책에서 "자발적인 읽기는 언어를 배우는 최상의 방법이 아니라 유일한 방법이다"라고 주장한다.

"스스로 원해서 자발적으로 읽는 자율 독서를 하는 사람들은 이해력이 향상되어 까다로운 내용을 잘 이해할 수 있다. 문체가 향상되며 학교나 직장에서 만족할 만한 글을 쓸 수 있게 된다. 어휘력이 향상되고 철자 쓰기와 문법 실력도 향상된다. 자율 독서를 하는 사람들은 이처럼 언어 능력을 향상시킬 수 있다. 그리고 이것은 외국어 능력을 높은 수준으로 발전시킬 수 있는 방법이다. 초급 단계에서 외국어를 능숙하게 하는 고급 단계로 가는 교량 역할을 해 주는 최선의 방법이다."

크라센 박사는 책에서 엘리와 만구하이가 진행한 '자율 독서가 외국어 습득에 미치는 영향'에 대한 연구 결과를 소개한다.

영어를 배우는 4~5학년 학생을 세 그룹으로 나누고 매일 30분씩 영어 수업을 진행했다. 첫 번째 그룹은 전통적인 독서법, 두 번째 그룹은 자율 독서, 세 번째 그룹은 함께 읽기로 수업을 했다. 함께 읽기란 좋은 책을 수업 시간에 서로 공유하는 것으로 잠자리에서 동화책을 읽어 주는 것처럼 교사가 여러 번 읽어 주는 방법이다.

2년이 경과한 후 자율 독서와 함께 읽기를 한 그룹이 전통적 수업을 한 그룹보다 독해력과 쓰기, 문법 시험에서 훨씬 뛰어난 성적을 받은 것으로 나타났다. 이런 결과는 싱가포르, 남아프리카, 스리랑카에서 진행한 연구에서도 동일하게 나타났다. 영어를 외국어로 배우는 학생을 위해 책을 비치하고 교사가 그 책을 큰 소리로 읽어 주거나 학생과 함께 읽었다. 책을 읽은 학생이 그렇지 않은 학생에 비해 읽기 테스트에서 월등한 점수를 보여 주었다. 또 매년 읽기 점수 격차가 점점 커졌다.

이어 크라센 박사는 베니코 메이슨의 연구를 근거로 "외국어를 배우는 사람들이 즐겁게 책을 읽으면 단순한 일상 대화 수준에서 시작해 차원 높은 문학 공부나 비즈니스에 필요한 언어를 구사하는 수준으로 발전한다. 외국어를 공부하는 사람들이 즐겁게 책을 읽으면 교실에 앉아 선생님의 수업을 받지 않고도, 의식적으로 공부를 하지 않고도, 심지어 함께 대화를 나눌 사람이 없어도 외국어 실력을 꾸준히 향상시킬 수 있다"라고 말하고 있다.

크라센 박사의 이 주장대로라면, 영어책 읽기만 제대로 해도 일상 대화를 넘어 차원 높은 수준의 영어 말하기와 쓰기도 얼마든지 가능하다는 사실을 알 수 있다.

쉬운 영어책을 통째로 읽어라

소설가이자 번역가인 안정효 선생님은 대학 시절에 이미 7권이나 되는 영어 장편 소설을 집필한 것으로 알려져 있다. 그는 자신의 대표작인 《하얀 전쟁》을 영어로 다시 써 미국에서 출간하기도 했다. 당시 〈뉴욕타임스〉와 〈워싱턴 포스트〉 같은 주요 언론사에서는 안정효를 가리켜 '영어로 소설을 쓰는 주목할 만한 작가'라고 높이 평가하였다.

그런데 놀라운 사실은 그는 47세가 되기까지 미국 땅을 한 번도 밟아 본 적이 없다는 것이다. 그렇다면 그는 어떻게 해서 이런 놀라운 영어 능력을 갖게 되었는가? 그가 한 것은 도서관에 비치된 영어책을 집중해서 읽는 것이었다. 1년 이상 집중해서 영어책을 읽다 보니 어느덧 영어책을 쓸 수 있는 단계까지 발전하게 되었다고 한다. 그래서 그는 빠르고 효과적인 영어 공부법을 찾는 이들에게 늘 이렇게 조언한다.

"쉬운 영어책을 통째로 읽어라. 자기 수준에 맞는 영어책을 100권 정도 읽고 나면 영어 실력이 눈에 띄게 향상될 것이다."

실제로 리딩리더 아카데미 부산 본원에서는 초등학생인데도 미국의 아마존 출판사를 통해 영어책을 출간하는 아이들이 속속 나오고 있다. 필자가 운영하는 리딩리더 아카데미 동탄점에서도 영어책 읽기만으로 듣기와 쓰기, 말하기 같은 다른 영역이 함께 발전해 가는 것을 매일 확인하고 있다. 자신이 좋아하는 영어책

을 즐겁게 읽으면 리딩만이 아니라 다른 영역의 능력도 함께 발
전하는 것이다.

> 영어책을 즐겁게 읽으면 읽기 능력만 발전하는 것이 아니라
> 듣기와 쓰기, 말하기도 함께 발전한다.
> 영어 독서만 제대로 해도 일상 대화는 물론
> 수준 높은 영어도 할 수 있게 된다.

영어책 읽기의
9가지 효과

첫째, 영어에 대한 노출량을 극대화할 수 있다

한 사람의 언어 능력은 그 사람이 얼마나 오랫동안(시간), 얼마나 자주(빈도) 그 언어에 노출되었느냐에 의해 결정된다. 학자들은 일 반적으로 3천 시간 정도 영어에 노출되어야 영어를 감각으로 체 득하게 된다고 한다. 3천 시간을 채우려면 하루 한 시간씩 10년이 걸려야 한다. 그렇지만 '보다 제대로 된 영어'를 구사하려면 1만 시간 이상 영어에 노출되어야 한다. 하루 7시간씩 영어를 공부해도 4년이 걸려야 가능한 시간이다.

우리나라처럼 영어를 외국어로 사용하는 환경에서는 영어에 노출될 기회가 많지 않다. 영어를 제대로 구사하는 데 필요한 1만 시간을 채운다는 것은 현실적으로 거의 불가능하다. 따라서 주어진 환경에서 영어에 노출되는 시간을 최대한 많이 늘리는 방법을 찾아야 한다. 가장 효과적인 방법이 바로 영어책 읽기를 통해 노출 시간을 늘리는 것이다. 재미있는 스토리가 있는 영어책을 지속적으로 많이 읽으면 아이들은 풍부한 양의 영어를 입력할 수 있다. 그런 관점에서 볼 때 영어책 읽기야말로 큰 돈 들이지 않고도 영어 환경에 노출될 수 있는 최고의 방법이다.

많은 부모들이 착각하는 것이 있다. 원어민 선생님을 만나 대화를 많이 하면 아이들이 영어를 잘하게 될 것이라는 생각이다. 그래서 학원을 고를 때마다 원어민 선생님이 있느냐 없느냐를 기준으로 결정하는 경우가 많다. 하지만 이것은 착각에 불과하다. 영어의 기초가 제대로 서 있지 않은 상태에서 원어민을 만나는 것은 크게 의미가 없다. 영어로 질문 하나 제대로 할 수 없고 원어민이 하는 말을 알아듣지도 못하는 상태에서 원어민을 만나는 것은 돈과 시간만 낭비하는 셈이다. 차라리 그 시간에 영어책 한 권 더 읽어 주고 영어로 된 애니메이션 한 편 더 보여 주는 것이 아이 영어에 더 도움이 될 것이다.

　물론 원어민 선생님과 수업하는 것이 어떤 면에서는 장점이 될 수도 있다. 외국인에게 친숙함을 느낄 수 있고, 영어라는 언어에 대해 호기심이나 동기 부여를 받을 수 있다. 그렇지만 영어에 노출되고 영어를 인풋한다는 관점에서 본다면, 시간 대비 크게 효과가 없을 뿐 아니라 영어 실력 향상과 직접적으로 연결되지 않는다. 영어로 자연스럽게 외국인과 소통하기 위해서는 상당한 양의 영어 인풋이 있어야 한다. 물이 100도에서 끓기 시작하듯이, 영어 역시 충분한 인풋이 주어져야만 아웃풋이 가능해진다. 말하기나 쓰기 같은 아웃풋을 얻기 위해서는 먼저 읽기와 듣기를 통해 충분한 입력이 있어야 한다. 그런 측면에서 볼 때 영어책 읽기는 우리나라처럼 영어를 외국어로 배우는 환경에서 할 수 있는 최고의 영어 학습법이다.

둘째, 이야기를 통해 즐겁게 영어를 배울 수 있다

　초등생이 읽는 영어책은 대부분 기승전결을 가진 이야기로 구성되어 있다. 물론 단계가 높아지면 수학이나 과학, 사회같이 논픽션도 읽게 되지만, 영어책 읽기 초기에 접하는 책은 대부분 아이들이 좋아할 만한 흥미진진한 이야기로 구성되어 있다. 영어 그림책의 경우, 일단 그림만 봐도 아이가 영어책과 친해질 수 있다. 단어를 몰라도 그림만 보면 어느 정도 책의 내용을 유추할 수 있다. 아이의 수준과 흥미에 맞게 영어책을 읽으면 아이들은 영어를 '공부한다'는 느낌이 없이 즐겁게 배울 수 있다. 왜냐하면 인간의 뇌는 선천적으로 이야기를 좋아하기 때문이다.

뿐만 아니다. 아이들은 자신이 즐겁다고 느끼는 일에 대해서는 강한 집중력을 보인다. 그렇기 때문에 억지로 단어를 외우게 하고 문법을 가르치지 않아도 영어책을 즐겁고 재미있게 읽다 보면 자기도 모르게 영어 실력이 향상되는 것이다. 그리고 이렇게 즐겁게 영어책 읽는 경험을 하면 아이는 영어에 대해 자신감을 갖게 된다.

우리 아들의 경우를 보더라도, 초등학교 시절 자신이 좋아하는 레모니 스니켓(Lemony Snicket)의 《위험한 대결(A Series of Unfortunate Events)》, 릭 라이어던(Rick Riordan)의 《올림포스 영웅전(The Heroes of Olympus)》 시리즈와 《퍼시 잭슨과 올림포스의 신(Percy Jackson and the Olympians)》 시리즈, 오언 콜퍼(Eoin Colfer)의 《아르테미스 파울(Artemis Fowl)》 시리즈를 읽을 때면 밥 먹는 것도 잊고 잠자는 것도 잊은 채 책 읽는 즐거움에 파묻혔었다. 이런 자발적이고도 즐거운 책 읽기 시간이 누적되면서 아이의 영어 실력이 쑥쑥 자라났다.

내가 가르치는 아이들도 마찬가지다. 영어책 읽는 것이 너무 즐거워서 시간 가는 줄 모르고 다음에 이어질 이야기가 궁금해서 잠을 이루지 못하는 아이들이 많다. 이런 아이들을 보고 있노라면 영어책 읽기가 얼마나 즐거운 경험인지 충분히 짐작할 수 있다. 적어도 이 아이들에게 영어는 억지로 공부해야 하는 어려운 과목이 아니다. 자신의 수준에 맞는 쉽고 재미있는 책을 최대한 많이 읽는 것, 이보다 더 효과적인 영어 공부 방법은 없다.

셋째, 주도적인 영어 학습이 가능하다

영어책 읽기는 부모나 교사가 일방적으로 답을 주거나 지식을 전달하지 않는다. 어른들이 알고 있는 내용을 아이들에게 강제로 주입시키지 않는다. 스스로 좋아하는 영어책을 선택하고 그 책을 끝까지 읽고 성취감을 느끼도록 이끌어 준다. 자신의 수준에 맞는 영어책을 읽으며 다음 이야기를 기대하고, 책을 읽은 후에는 다른 사람들에게 그 내용을 말해 주고 싶은 마음을 느끼게 해 준다. 다른 사람이 강요하거나 옆에서 떠먹여 주는 공부가 아니라 스스로 영어책을 읽으며 즐거움을 느끼게 해 주는 것이다.

물론 처음에는 아이 스스로 책을 선택하거나 읽을 수 없기 때문에 부모나 교사가 다양한 종류의 책을 권하거나 읽어 주기도 한다. 하지만 초기 단계를 지나 독자적으로 책 읽기가 가능해지는 순간, 아이는 스스로 자신이 좋아하는 책을 선택한다. 자신이 좋아서 선택한 만큼 더 큰 즐거움과 애착을 가지고 책 읽기에 집중할 수 있다.

초등 3학년인 재민이는 영어책에 심한 거부감을 가진 아이였다. 그렇지만 내용이 쉽고 흥미로운 영어 그림책을 계속해서 읽어 주었더니 어느 순간 자신이 원하는 책을 골라 스스로 읽기 시작했다. 평소 신기한 스토리를 좋아하는 재민이는《옛날 옛날에 할머니가 살았는데요(There Was an Old Lady)》시리즈를 유난히 좋아했다. 그렇게 영어책과 사랑에 빠진 재민이는 하루 2~3권씩 스스로 영어책을 읽는 아이로 자라고 있다.

크라센 박사는 재민이와 같은 경우를 자율 독서라는 용어로 설명하고 있다. 자율 독서란 자발적으로 읽는 것을 말한다. 자신이 좋아하고, 또 자신이 원하는 책을 꾸준히 읽는 것이다. "즐기는 자를 이길 수 없다"는 말이 있듯이 좋아서 하다 보니 실력도 저절로 늘게 되는 것이다.

넷째, 다른 나라의 문화와 역사에 대한 배경지식을 쌓을 수 있다

책을 읽으면 우리와 다른 문화권을 이해할 수 있는 능력이 생긴다. 아이들이 즐겨 읽는 《로빈 힐 스쿨(Robin Hill School)》 시리즈에는 우리가 경험할 수 없는 미국 문화가 잘 소개되어 있다. 눈이 많이 내리는 미국의 일부 지역에서는 눈 때문에 길이 미끄러우면 학교를 가지 않는다. 이런 날을 '스노우 데이(Snow Day)'라고 부른다. 흑인 운동가였던 마틴 루터 킹의 생일은 미국의 공휴일이다. 《마틴 루터 킹스 데이(Martin Luther King Jr. Day)》라는 책을 통해 마틴 루터 킹 목사의 삶과 미국의 인종 차별 역사를 배운다. 《즐거운 추수감사절(Happy Thanksgiving)》을 읽으면 추수감사절의 유래와 미국 건국의 배경을 알 수 있다. 우리나라와 다른 문화와 역사를 책을 통해 배우는 것이다.

《헨리와 머지의 텀블링 여행(Henry and Mudge and the Tumbling Trip)》을 보면, 주인공 헨리의 가족이 여름휴가를 맞아 미국 서부로 자동차 여행을 떠나는 내용이 나온다. 아이들은 이 책을 읽으며 미국의 지형, 동부와 서부의 차이, 서부 지역의 기후적인 특성과 문화를 배운다. 책 속에 들어가 주인공 가족과 함께 서부의 건조한 흙먼지를 마시고, 자동차로 사막을 누비며, 협곡을 만나기도 한다. 아이들은 헨리 가족의 서부 여행이 마치 자신의 여행인 것처럼 즐거워하며 영어와 함께 미국의 지형과 문화를 알아 간다. 이렇게 이야기로 재밌게 배운 지식은 평생에 걸쳐 장기 기억으로 저장된다.

《헨리와 머지의 재밌는 점심(Henry and Mudge and the Funny Lunch)》에서는 주인공 헨리가 아빠와 함께 어머니날을 위한 특별한 점심을 만드는 것을 볼 수 있다. 《아빠와 함께 한 프로기의 날(Froggy's Day with Dad)》에서는 주인공 프로기가 아버지날을 맞이하여 아빠와 함께 미니 골프를 치며 행복한 시간을 보내는 것을 볼 수 있다. 이런 책들을 읽으면서 아이들은 미국에는 어버이날이 아니라 어머니날과 아버지날이 따로 있다는 사실을 알게 된다.

이처럼 영어책을 읽으면 우리와 다른 그 나라만의 독특한 문화와 관습을 접하고 다양한 역사와 문화를 배운다. 배경지식을 폭넓고 깊게 쌓아 두면, 어떤 지문이 나와도 쉽게 이해하고 문제를 풀 수 있게 된다. 설령 지문 중간에 어려운 단어가 등장한다 하더라도 관련 분야에 충분한 배경지식을 가지고 있다면 전체적인 글의 흐름을 파악하는 데 크게 어려움을 느끼지 않는다.

다섯째, 언제 어디서든 영어를 접할 수 있다

영어를 공부하려고 비싼 돈을 주고 원어민 선생님을 찾아가거나 굳이 외국 유학을 갈 필요가 없다. 책 한 권이면 언제 어디서든 영어와 만날 수 있고 영어를 사용하는 사람들의 표현법을 익힐 수 있다. 특히 요즘은 팟캐스트나 오디오북, CD, 유튜브를 이용해서 언제 어디서든 책 내용을 원어민의 목소리로 들으며 읽을 수도 있다.

여섯 번째, 창의력과 상상력을 키울 수 있다

세상에서 가장 상상력이 풍부한 사람이 누구인가? 바로 글을 쓰는 작가다. 작가는 시간과 공간을 초월하여 무한한 상상의 세계로 독자를 이끌어 간다. 아이들은 책을 읽으며 현실에서는 생각조차 할 수 없는 재미있고 신기한 일을 경험하고 자신의 의식 세계를 확장해 갈 수 있다.

아이들이 좋아하는 영어책 중에 《플라이 가이(Fly Guy)》 시리즈가 있다. 주인공 버즈(Buzz)라는 소년이 플라이 가이(Fly Guy)라는 파리를 애완동물로 기르면서 일어나는 이야기다. 이 이야기에서는 파리가 글을 읽을 수 있고, 온갖 묘기를 부릴 수 있고, 사람들과 대화를 할 수도 있다. 《옛날 옛날에 할머니가 살았는데요(There Was an Old Lady)》 시리즈에서는 할머니가 세상의 모든 물건을 삼킬 수 있다. 현실에서는 결코 일어날 수 없는 신기한 일이 책에서는 얼마든지 가능하다. 《올림포스 영웅전(The Heroes of Olympus)》의 릭 라이어던(Rick Riordan)은 고대 그리스 신화의 세계로, 《마법의 시간 여행(Magic Tree House)》의 메리 포프 오스본(Mary Pope Osborne)은 과거 역사 속으로 아이들을 데리고 들어간다. 이야기의 세계는 시간과 공간, 상식과 고정관념을 벗어나 아이들을 무한한 상상의 세계로 데리고 간다. 이 모든 것들이 책이라는 무대 안에서 작가들의 상상력에 의해 펼쳐지는 마법 같은 일들이다.

이렇게 어려서부터 이야기책을 통해 상상력을 키우는 아이는 기존의 고정관념이나 틀을 벗어나 창의적인 생각을 하고 새로운 시도를 할 가능성이 높아진다. 책을 통해 무한한 상상의 날개를 펼쳐 본 아이만이 다음 세대의 진정한 리더로 성장할 수 있다. 민

간 우주 여행 시대의 서막을 연 스페이스 X 창업자이자 전기차 시대를 열어 가는 일런 머스크가 엄청난 독서가라는 사실을 생각해 보자. 그는 자신의 성장과 발전에 가장 큰 도움을 준 것으로 단연 독서를 들고 있다. 스페이스 X 창업 당시, "로켓 만드는 방법을 어떻게 배웠느냐"는 질문에 "책에서 읽었다"고 대답한 일화는 유명하다. 독서가 아이들의 상상력과 창의력에 미치는 영향력을 충분히 알 수 있다.

일곱 번째, 인생을 살아가는 데 필요한 교훈을 얻는다

《고양이 피트(Pete the Cat)》의 주인공 피트(Pete)라는 고양이는 유독 하얀 신발을 좋아한다. 그런데 길을 가다 빨간 딸기 더미를 밟기도 하고 파란 블루베리 더미를 밟기도 한다. 때로는 진흙에 빠지기도 한다. 그때마다 피트의 신발은 다른 색으로 변한다. 그런데도 피트는 짜증내거나 불평하지 않고 자신만의 노래를 부르며 긍정적인 태도로 문제를 극복해 간다. 이것을 통해 아이들은 뜻하지 않은 문제를 만났을 때 슬퍼하거나 불평하는 것이 아니라 긍정적인 시각을 가지고 문제를 즐겁게 극복해 가는 태도를 배우게 된다.

《요셉의 작고 낡은 외투(Joseph Had a Little Overcoat)》역시 아이들에게 깊은 인생 교훈을 던져 준다. 주인공 요셉 할아버지는 낡고 오래된 외투를 가지고 있다. 외투가 너무 낡아서 더 이상 입을 수 없게 되자 할아버지는 그 외투로 재킷을 만든다. 재킷이 낡아지면 조끼를 만들고, 조끼가 낡아지면 손수건을 만든다. 원재료가 사라져 더 이상 아무 것도 만들 수 없게 되었을 때 할아버지는 자신만의 이야기를 책으로 쓰기 시작한다. 이 이야기를 통해 저자는 우리가 가진 것에서부터 얼마든지 '새로운 것'을 만들어 낼 수 있다는 사실을 가르쳐 준다.

《내가 바다에서 제일 커!(The Biggest Thing in the Ocean)》에서는 자신의 크기를 자랑하며 작은 물고기들 앞에서 허세를 부리던 오징어가 결국 고래 뱃속에 들어가게 된 이야기를 통해 아이들에게 어떤 상황에서도 겸손할 것을 가르쳐 준다. 또《쏘피가 화나면, 정말 정말 화나면(When Sophie Gets Really Really Angry)》에서는 일상에서 일어나는 분노라는 감정을 어떻게 다스려야 하는지, 자신과 타인을 해치지 않는 방법으로 분노를 처리하고 마음의 평정을 되찾는 방법을 가르쳐 준다.

인생을 살아가는 데 필요한 이런 중요한 교훈과 덕목은 문법 중심, 시험 중심의 학원 교재에서는 결코 배울 수 없다. 오직 책을 통해서만 배울 수 있다. 그것도 세계에서 제일 그림 솜씨가 뛰어난 화가가 그린 아름다운 그림과 함께 말이다. 영어책을 읽으면서 영어를 배우면 단지 영어라는 언어 하나만 배우는 것이 아니라 작가들이 던지는 이 깊은 인생 교훈까지 배울 수 있다. 아이의 내면 세계는 그만큼 크게 자랄 것은 당연하다.

여덟 번째, 이해력이 좋아진다

《무궁화 꽃이 피었습니다》의 김진명 작가는 김미경 TV와의 인터뷰에서 작가로서 성공한 비결로 단연 독서를 들고 있다. 많은 양의 책을 읽다 보니 자연스럽게 머리가 트였고 남다른 표현력을 가지게 되었다고 한다. 공부는 그 아이가 지금까지 읽어 온 독서의 양이나 질과 직접적으로 연결되어 있다. 그런 관점에서 볼 때 책 읽기야말로 공부를 잘하는 아이로 만드는 가장 확실한 방법이다.

초등학생 때 우등생이 중학생이 되면 대부분 성적이 떨어지는데 그 이유는 글을 읽고 이해하는 능력이 발전하지 못했기 때문이다. 공부를 잘한다는 것은 이해력이 뛰어나다는 것인데, 이런 깊은 이해력은 이 학원 저 학원 옮겨 다니면서 강사들이 떠먹여 주는 밥만 먹는 아이는 결코 가질 수 없는 능력이다. 많은 양의 책을 읽고 혼자 생각하는 힘을 기른 아이만이 가질 수 있는 능력이다.

아홉 번째, 어떤 영어 수준에 있든 접근할 수 있다

아이가 영어를 잘하기 위해서는 우선 영어라는 언어를 '인풋'해야 한다. 영어를 인풋할 수 있는 방법은 읽기와 듣기다. 그런데 미국 드라마 보기나 CNN 뉴스 듣기 같은 방법으로 영어를 인풋하려고 하면 상당한 수준의 영어 실력이 있어야 가능하다. 하지만 영어책 읽기는 아이가 어떤 영어 수준이든 접근할 수 있다. 수준이 낮다면 한 페이지에 단어 하나, 문장 하나 있는 책부터 시작하면 된다. 수준이 상당한 정도에 오른 아이는 책 읽기를 통해 고급 문장과 어휘를 만나면서 계속 실력을 향상시켜 갈 수 있다.

자라나는 아이가 책을 많이 읽어야 하는 이유는 수만 가지다.
영어책 읽기는 그 모든 것을 얻으면서도
덤으로 영어 실력까지 기르는 최고의 방법이다.

영어 단어장으로는
절대 할 수 없는 것

영어 실력은 단어 실력이라고 해도 과언이 아닐 정도로 단어를 얼마나 많이 아는지가 중요한 역할을 한다. 그런데 영어책을 다독하면 중요한 단어를 반복해서 접할 뿐만 아니라 단어의 사용법을 문장 속에서 익히게 된다. 이런 방식은 단순히 단어 하나만 따로 떼어내 독립적으로 암기하는 것보다 훨씬 더 효과적이다. 단순히 암기하는 것이 아니라 그 단어가 사용되는 실제 문장과 상황과 문화 속에서 쓰임을 배우기 때문에 단어에 대해 생생한 느낌을 가질 수 있다.

단어는 문장 속에서 익혀야만 그 뜻을 바르고 생생하게 파악할 수 있다. 뿐만 아니라 단어장에 정리되어 있는 대로 단어만 따로 외우면 그 단어에는 생명이 없기 때문에 돌아서면 잊어버린다. 그러나 책을 읽으며 이야기를 통해 익힌 단어는 어떤 상황에서 어떤 느낌으로 사용되는지 알기 때문에 장기 기억으로 저장된다.

단어는 뉘앙스다

아이들이 좋아하는 영어책 중에 《비스킷(Biscuit)》이 있다. 주인공인 여자 아이가 자신의 애완견인 비스킷(Biscuit)을 향해 "Fetch the ball, Biscuit"이라고 외친다. 아이들은 비록 'fetch'라는 단어를 알지 못해도 이 장면을 보면서 공을 멀리 던져서 물어 오도록 하는 것이라고 알게 된다. 그리고 책에서는 'fetch' 대신 'get'을 사용하기도 한다. 이 과정에서 아이들은 주인공이 던진 공을 비스킷이 다시 가져오는 것을 'get'이라는 동사로도 표현할 수 있다는 것을 알게 된다.

한편 이 'fetch'라는 단어는 앤서니 브라운(Anthony Browne)이 쓴 《달라질 거야(Changes)》에도 나타난다. 동생을 낳기 위해 병원에 있는 엄마를 집으로 데리고 올 때 'fetch'를 사용한 것이다. 이렇게 여러 책에서 거듭하여 반복하다 보면 무엇인가를 제 자리로 가져올 때 'fetch'를 사용한다는 것을 알게 된다. 다독을 하면 반복적으로 같은 단어를 만난다. 이런 식으로 이야기 속에서 익힌 단어는 쉽게 잊어버리지 않는다.

《플라이 가이(Fly Guy)》에는 'Let's hit the road'라는 표현이 나온다. 'Hit the road'는 '출발하다', '길을 떠나다'는 의미를 가진 관용어구다. 아이들은 이런 일상적인 관용어구들을 책 읽는 과정에서 자연스럽게 익힌다. 이런 면에서 볼 때 '시험을 위한 영어'가 아니라 '언어로서 영어'를 익히고자 한다면 영어책 읽기가 가장 확실한 방법임을 알 수 있다.

물론 영어가 외국어이기 때문에 때로는 기계적으로 암기해야 할 때가 있다. 그런데 새로운 단어를 익히기 위해서는 그 단어를 자주 사용하는 것이 제일 좋은데, 이런 측면에서 볼 때 책 읽기는 최고의 방법이 될 수 있다. 책에서는 중요한 단어들이 반복적으로 사용되기 때문이다.

《고양이 피트(Pete the Cat)》에는 쉽고 재밌는 영어 문장과 단어가 아름다운 그림과 함께 반복되어 나타난다. 알파벳을 제대로 모르는 아이라도 이 책을 읽으며 색깔의 이름과 자신이 좋아하는 것을 표현하는 법, 심지어 질문하는 방법까지 자연스럽게 배울 수 있다. 《갈색 곰아, 갈색 곰아, 무엇을 보고 있니?(Brown Bear, Brown Bear, What Do You See?)》, 《난 산책하러 갔어요(I Went Walking)》, 《곰 사냥을 떠나자(We're Going on a Bear Hunt)》 같은 책도 마찬가지다. 같은 단어와 문장이 일정한 운율과 리듬을 가지고 계속 반복되어 나온다. 아이들은 이런 쉽고 재미있는 영어 그림책을 읽으며 동물 이름과 의문문, 동명사 구문까지 자연스럽게 배운다. 따로 단어 암기를 하지 않아도 책을 통해 자연스럽게 익힐 수 있다.

단어도 영어책 읽기 하나면 된다

영어책을 읽으며 영어를 배운 아이는 문제집을 풀고 단어 시험만 반복해 온 아이들과는 실력에 있어 차원이 다르다. 앞에서도 말했지만, '영어는 살아 있는 언어이고 사람과 사람 사이에 일어나는 대화의 수단'이다. 책을 통해 영어를 배우면 단어가 어떤 상황에서 어떻게 사용되는지 이야기의 전체 흐름 속에서 파악할 수 있게 된다. 그리고 그 단어를 쓸 상황에서 자유롭게 쓸 수 있는 자신감을 얻는다. 왜냐하면 그 단어가 쓰인 예를 책을 통해 수없이 많이 보았기 때문이다.

자기 수준에 맞는 영어책을 읽다 보면 모르는 단어가 나와도 아이들은 문맥 속에서 단어의 의미를 유추해 낼 수 있다. 영어책을 많이 읽은 아이일수록 이런 단어 유추 능력 또한 함께 향상된다.

책으로 단어를 익히면 그 단어 특유의 뉘앙스를 체감한다.
그리고 이렇게 배운 단어는 장기 기억으로 저장된다.
단어를 익히는 가장 좋은 방법은 역시 영어책 읽기다.

뿌리가 깊으면
쓰러지지 않는다

2017년부터 수능 영어는 절대 평가 방식으로 시행되고 있다. 따라서 90점 이상이면 모두 1등급이다. 언뜻 보기에는 많은 학생이 1등급을 받을 수 있을 것 같지만, 실제로 1등급을 받는 학생은 그렇게 많지 않다. 문제의 난도가 그만큼 높기 때문이다. 수능 영어는 긴 지문을 읽고 1분 30초 안에 한 문제를 풀어야 한다. 교과서 밖의 내용도 많이 출제된다. 미국 대학에 입학하기 위해 치루는 SAT나 TOEFL 시험도 마찬가지다. 주어진 짧은 시간 안에 난도가 높은 읽기와 듣기, 쓰기와 말하기 문제를 풀어야 한다.

지문을 빠르게 읽고 이해하는 능력은 하루아침에 뚝딱 길러지는 것이 아니다. 어려서부터 다양한 분야의 책 읽기를 통해 풍부한 배경지식을 쌓아 온 아이, 많은 책을 빠른 속도로 읽어 온 아이가 길고 어려운 지문도 빠르고 쉽게 읽어낼 수 있다. 이런 아이는 설령 모르는 단어를 만나더라도 두려워하지 않는다. 어려서부터 전체 문맥 속에서 단어의 의미를 대략적으로 유추하고 파악하는 능력을 길렀기 때문이다. 오랜 책 읽기를 통해 단어에 대한 감각이 형성된 아이만이 이런 능력을 가질 수 있다.

영어책 읽기의 효과는 단지 중고등학교 내신이나 수능 성적에만 해당되는 것은 아니다. 대학에 진학해서 전공 서적을 원서로 읽고 과제를 제출할 때 더 빛을 발한다. 그리고 대학을 졸업하고 취업 시험이나 승진 시험을 준비할 때도 영어는 여전히 커다란 영향을 미친다. 어디 그것뿐이랴. 어렵게 승진 시험에 통과했다 하더라도 실무에서 영어를 사용할 능력을 갖추지 못했다면 또다시 어려움을 겪어야 한다. 학습으로 영어를 접한 사람은 평생 영어와 씨름을 해야 하고, 영어에 발목 잡히는 인생을 살아야 한다. 그러나 입시 제도가 어떻게 바뀌든, 입사 시험이나 승진 시험이 어떻게 바뀌든, 책 읽기를 통해 탄탄한 영어 실력을 갖춘 사람은 두려워할 것이 없다.

어려서부터 차근히 영어책을 읽어 온 아이는 한마디로 뿌리 깊은 나무와 같다. 외부 환경이 어떻게 바뀌든 영어로 자신의 의사를 표현할 수 있는 능력을 갖추고 있기 때문이다. 시간적 여유가 있는 초등 저학년 시기에 영어책을 최대한 많이 읽어 두어야 한다. 영어책을 많이 읽은 아이와 그렇지 않은 아이는 시간이 갈수록 실력 차이가 커질 수밖에 없다.

내신부터 취업까지 한 번에 준비하는 법

짐 트렐리즈가 쓴 《하루 15분 책 읽어 주기의 힘》에는 2002년 미국 대학 수학 능력 시험 중 하나인 ACT에서 전 과목 만점을 받은 크리스토퍼 윌리엄스라는 학생이 소개되어 있다. 당시 40만 명의 응시자 가운데 58명이 만점을 받았는데 그 중에서도 켄터키 주 시골 마을 출신의 크리스토퍼가 만점을 받은 사실은 미 언론으로부터 크게 주목을 받았다. 왜냐하면 크리스토퍼는 그 어떤 사교육을 받지 않고도 이런 놀라운 성과를 이루어 냈기 때문이다.

크리스토퍼의 부모님은 자신의 두 자녀에게 유아기 때부터 사춘기 때까지 하루도 빠지지 않고 매일 30분씩 책을 읽어 주는 습관을 가지고 있었다. 심지어 아이가 스스로 책을 읽을 수 있는 단계가 되었음에도 계속해서 책을 읽어 주었다. 그저 책을 읽어 주었을 뿐인데 아이들은 그것을 통해 읽기를 배우고, 읽기를 사랑하고, 읽기를 실천하는 아이로 자랐다. 그래서 이 책의 저자인 짐 트렐리즈는 '책 읽어 주기는 일종의 보험 증권'과 같다고 말하고 있다. 아이들이 학교에서 마주하게 될 모든 것에 준비하는 것이기 때문이다.

《하루 15분 책 읽어 주기의 힘》에서는 어린 시절 책 읽기 습관이 아이의 미래 학업에 어떤 영향을 끼치는지를 말해 주는 또 하나의 이야기를 소개하고 있다. 미국 최우수 대학의 하나로 손꼽히는 윌리엄스 대학과 앰허스트 대학의 입학 사정관으로 일해 온 톰 파커는 자녀의 성적을 올리기 위해 노심초사하는 부모들에게 이렇게 말했다고 한다.

"이 세상 최고의 SAT(미국 대학 수학 능력 시험) 준비는 아이가 어릴 때부터 침대머리맡에서 책을 읽어 주는 것입니다. 아이가 그에 행복을 느끼면 스스로 책을 읽기 시작할 것이기 때문입니다."

세계에서 온 최우수 수험생들을 면접해 온 파커는 SAT 구술 점수가 높은 학생은 한결같이 책을 좋아했다고 말하고 있다. 이것은 단지 ACT나 SAT를 치루는 자녀를 둔 미국 학부모들에게만 해

당되는 이야기는 아닐 것이다. 매일 침대맡에서 부모가 읽어 주는 영어책 이야기를 듣고 영어 오디오북을 들으며 잠드는 아이는 영어를 사랑하고 즐기는 사람으로 성장할 것이다. 영어를 사랑하고 즐기는 사람은 앞으로 만나게 될 그 어떤 영어 시험도 두려워하지 않을 것이다.

가끔 커피숍에서 책을 읽거나 글을 쓸 때가 있다. 그때마다 삼삼오오 둘러앉아 아이들의 교육 정보를 교환하는 엄마들을 보곤 한다. 다른 집 아이가 얼마나 잘하는지, 그 아이가 어떤 과외를 받고 어떤 학원을 다니는지 이야기를 나누는 엄마들을 볼 때마다 나는 이런 생각을 한다.

'저렇게 남의 아이들 이야기하느라 열을 올릴 시간 있으면 도서관에 가서 영어책을 빌려다가 아이에게 읽어 주면 얼마나 좋을까. 아이가 좋아할 간식과 선물도 미리 준비해 놓고 말이다.'

영어 잘하는 다른 아이들의 공부 비법을 궁금해하기보다
내 아이에게 영어책 한 줄 더 읽어 주는 엄마가 되라.
영어책 읽어 주기는 아이의 미래를 위해 준비해 줄 최고의 보험이다.

영어 짧은 엄마도
할 수 있다

———

　우리나라의 사교육비 가운데서도 영어 교육에 들어가는 비용이 특히 높다. 그런데 이 비용을 획기적으로 줄일 수 있는 방법이 있다. 바로 영어책을 읽는 것이다.

　퓰리처상 수상자인 레오나드 피츠 2세는 가난한 흑인 가정에서 태어나 교육을 제대로 받지 못하고 자랐다. 그러나 그의 어머니는 자신의 짧은 읽기 실력을 가지고도 어린 아들에게 책을 읽어 주었다. 그것이 아들을 위해 해 줄 수 있는 유일한 사교육이었다. 어린 시절 어머니로부터 독서 교육을 받고 자란 레오나드는 훗날 퓰리처상을 수상할 정도로 탁월한 언론인이 되었다.

사교육에서 엄마 교육으로

경제적 여력이 없어서 비싼 영어 과외를 시켜 줄 수 없다고 슬퍼하거나 한탄할 필요가 없다. 교사가 아이를 위해 모든 것을 대신해 주는 사교육은 아이에게 스스로 문제를 이해하고 생각하고 해결할 힘을 길러 주지 못한다. 하면 할수록 효과가 떨어지는 것이 사교육이다. 오직 자율적인 책 읽기만이 스스로 생각하고 이해하고 해결하는 능력을 길러 준다.

예전과 달리 우리나라의 지역 도서관에도 아동용 영어책이 제법 많이 꽂혀 있다. 필요한 책은 도서관에 구입 신청을 할 수도 있다. 공동 구매나 온라인 영어 서점의 할인 행사 기간을 활용하면 큰 돈 들이지 않고도 영어책을 구할 수 있다. 엄마의 영어 실력이 짧아서 아이에게 책을 읽어 줄 수가 없다는 말도 이제는 핑계에 불과하다. 웬만한 영어책에는 CD가 딸려 있어서 엄마가 굳이 읽어 줄 필요가 없다. 유튜브에 책 제목만 입력하면 영어책을 읽어 주는 원어민이 24시간 우리를 기다리고 있다.

아이들이 이 학원 저 학원 돌아다니는 동안 도서관에 덩그러니 남겨져 있는 영어책들, 다른 엄마들 말만 믿고 비싸게 샀지만 포장도 뜯지 않은 채 책꽂이에 그대로 세워져 있는 책들, 그 책들이야말로 우리 아이의 영어 실력을 높이고 아이의 미래와 운명을 바꾸어 줄 가장 훌륭한 과외 교사다. 영어책 읽기 프로젝트는 영어권 국가에 가야만 할 수 있는 일이 아니다. 우리나라에서도 마음만 먹으면 얼마든지 도서관 점령 프로젝트를 실천할 수 있다. 길이 없으면 길을 만들면서 가면 된다.

공공 도서관에 덩그러니 꽂혀 있는 영어책들,
포장도 뜯지 않은 채 아이 방 책꽂이에 꽂혀 있는 영어책들,
그 책들이야말로 아이의 가장 훌륭한 과외 교사다.

3장

영어책을 읽기 전에 알아두어야 할 것들

몇 살부터
영어를 공부해야 할까

영어 교육을 언제 시작해야 하느냐에 대한 의견은 학자마다 분분하다. 일찍 시작할수록 좋다고 생각하는 엄마는 태교 영어를 시작으로 영어 유치원까지 물불을 가리지 않고 뛰어든다. 영어 유치원 비용이 웬만한 사립대학 학비보다 더 비싼데도 자리가 없어 못보내는 실정이다.

우리나라 사교육과 조기 교육 비용 중 가장 높은 비중을 차지하는 것은 언제나 영어다. 그런데 과연 그렇게 일찍 영어를 시작하고 비싼 돈을 들여 영어 유치원에 보낸다고 해서 아이의 영어 문제가 해결될까? 그렇지 않은 경우를 훨씬 많이 본다. 어렸을 때 영어 신동, 영어 영재 소리를 듣던 아이가 커갈수록 평범한 아이로 전락하거나 훨씬 늦게 영어를 시작한 아이에게 추월당하는 경우를 흔히 볼 수 있다.

《영어 독서가 기적을 만든다》의 저자 최영원 원장은 어렸을 때 영어 영재였던 아이가 시간이 갈수록 뒤늦게 시작한 아이에게 따라잡히는 원인을 '나이에 따라 학습하는 능력이 다르기 때문'이라고 말한다. 예를 들어, 7세 미만 아이가 파닉스를 마치려면 1년이 걸리지만, 8세 이상 초등 저학년이면 6개월, 고학년은 3개월 혹은 그 이내에도 가능하다. 일찍 영어를 시작하고 영어에 재능을 보인다고 해서 반드시 그 아이가 끝까지 영어를 잘하게 될 것이라는 보장은 없다.

그러나 이보다 더 심각한 문제는 조기 영어 교육으로 인해 일어나는 부작용이다. 엄마의 조급함과 불안감 때문에 지나치게 일찍 영어에 노출될 경우, 커 갈수록 영어에 대해 강한 거부감을 보이거나 또래 아이들에 비해 모국어의 발달이 느려지는 경우를 많이 보게 된다. 아이들의 건강을 위해서라면 물 하나, 음식 하나도 좋은 것만 골라 먹이면서 왜 아이들의 미래가 달린 영어에는 그렇게 심하게 해를 입히는 행동을 하는지 이해하기 어렵다.

사실상 아이들이 영어를 배우기 가장 좋은 때는 초등학교 시기이다. 왜냐하면 이때야말로 모국어가 완성되기 때문이다. 우리나라와 같은 EFL 환경(English as a Foreign Language, 영어를 외국어로 학습하는 환경)에서는 모국어 학습이 영어 학습보다 선행되어야 한다. 영어를 모국어가 아닌 외국어로 배우고 있는 이상, 모국어의 기초부터 튼튼하게 만드는 것이 무엇보다 중요하다. 외국어란 어디까지나 모국어의 바탕 위에서 길러지는 것이다. 모국어의 뿌리가 튼튼한 아이일수록 외국어를 배우는 능력도 탁월하다. 그에 반해, 모국어 실력이 부족한 아이는 영어 레벨이 높아지면 더 나아가지 못한다. 그러므로 영어를 잘하는 아이로 키우고 싶다면 초등 이전에는 최대한 한글책을 많이 읽어 주고, 독서 자체에 대해 즐거운 감정과 경험을 가질 수 있도록 이끌어 주는 것이 중요하다.

한글을 모르면 영어도 모른다

한글로도 이해하지 못하는 말을 영어로 가르친들 아이가 이해할 리 만무하다. 오히려 이런 학습은 아이에게 심적인 부담감을 안겨 주고 영어에 대한 거부감만 심어 줄 수 있다. 유치원생이나 초등 저학년에게 영어를 가르치다 보면 한글로도 설명하기 어려운 단어를 자주 만난다.

예를 들어 'bush'라는 단어를 가르친다고 하자. 키가 낮은 관목 혹은 덤불을 뜻하는 말이다. 그런데 어린아이는 '나무'는 쉽게 이해하지만 관목이나 덤불이라는 단어는 이해하지 못한다. 일상에서 잘 쓰지 않는 단어인데다 아파트로 둘러싸인 도심에서는 관목이나 덤불을 볼 기회가 거의 없기 때문이다. 한글 이해 능력이 없는 아이에게 어려운 영어 단어를 설명하는 것은 거의 불가능하다. 바로 이런 이유 때문에 본격적으로 영어 학습을 시작하는 시기는 모국어를 자연스럽게 이해하고 표현하는 초등학교 입학 시기로 잡는 것이 좋다.

《엄마가 시작하고 아이가 끝내는 엄마표 영어》의 저자인 김정은 원장도 엄마표 영어에 있어 가장 중요한 핵심 요소로 '모국어 실력'을 들고 있다. "영어에 일찍 노출시킨다고 해서 다 좋은 것이 아니다. 모국어가 형성되기 전에 빨리 외국어에 노출되면 모국어도 외국어도 불안정한 상태로 자랄 수 있다는 것을 간과해서는 안 된다. 모국어가 안정적으로 자리 잡은 이후 외국어를 노출하는 게 중요하다. 모국어가 최우선이다"라고 강조하고 있다.

《엄마표 영어책 읽기 공부법》의 저자인 이지연 리딩 프라우드

원장 역시 똑같은 주장을 하고 있다.

"영어 독서의 시작은 한글 독서이다. 아이들의 영어 실력에 가장 큰 영향을 주는 것은 한글 독서이다. 한글책을 얼마나 읽었는지 그것이 가장 큰 영향을 끼친다. 어릴 때 동화책을 많이 보았던 아이들, 엄마 아빠 무릎에서 한글 동화에 푹 빠져 이야기를 듣고 자란 아이들, 스스로 책에 대한 관심도가 높은 아이들이 짧은 시간에 놀라운 학업 성취력을 보인다."

초등 이전에는 한글, 이후에는 영어

똑같이 영어를 가르쳐도 유난히 이해력과 집중력이 뛰어난 아이들이 있다. 이런 아이들의 배경을 살펴보면 어려서부터 부모와 함께 한글책 읽기를 꾸준히 해 왔다는 공통점을 가지고 있다. 아이의 영어 실력은 결국 그 아이가 가진 모국어 수준을 넘어서지 못한다. 모국어를 잘 이해하고, 모국어를 유창하게 잘하는 아이가 결국 영어를 비롯한 외국어도 잘하기 마련이다. 모국어로 얻은 지식이나 인지 능력이 외국어를 이해하는 데도 큰 도움을 주기 때문이다.

따라서 아이가 영어를 잘하기를 원한다면 일단 한글부터 제대로 가르치고 한글 실력을 유창하게 키워 줘야 한다. 초등 이전까지는 지나치게 영어에 연연하지 말고 최대한 한글책 읽기에 집중해야 한다. 한글책을 읽는 비중을 초등 이전에는 80~90%, 초등 이후에는 60~70% 정도가 좋다. 그래야 장기적으로 보았을 때 영어를 잘하는 아이로 키울 수 있다.

우리 주변에는 뒤늦게 영어를 시작했어도 무서운 속도로 성장하고 발전하는 사례가 수없이 많다. 많은 학자가 12세 이전에 시작해야만 외국어를 능숙하게 구사할 수 있다고 주장하지만, 이에 대한 확증적인 근거는 아직 발견되지 않았다. 오히려 최근에는 영어 시작 시기와 영어 실력은 크게 상관관계가 없다는 주장이 더 힘을 얻고 있다. 영어의 시작 시기가 아이의 영어 실력을 결정하지 않는다는 사실을 마음에 새기고 영어책과 함께 한글책 읽기도 꾸준히 해 보자.

한글을 잘하는 아이가 영어도 잘한다.
영어 잘하는 아이로 키우고 싶다면 초등 이전에는
무조건 한글 실력 높이기에 집중하라.

초등 1년부터
영어책 1천 권 읽기를 시작하라

초등 1학년은 영어책 읽기를 시작하기 가장 좋은 시기다. 이때가 인생에서 가장 왕성하게 어휘를 습득하는 시기이기 때문이다. 캐나다 언어학자인 수잔 펜필드 박사는 자신의 '결정적 시기 이론(Critical Period Hypothesis)'에서 초등 1학년은 어휘량의 빅뱅이 일어나는 시기라고 주장한다. 일본의 교육 심리학자인 사카모토 이치로역시 초등 저학년 시기에 아이들의 어휘량이 폭발적으로 늘어난다고 주장한다. 이 시기의 아이들은 모국어만이 아니라 영어 등 외국어에서도 스스로 어휘를 확장해 가는 능력을 가지고 있는 것이다.

초등 1학년인 지민이는 유난히 영어책 읽기를 즐기는 아이다. 초등 입학 전까지 엄마와 한글책 읽기를 충분히 해 왔던 아이라 영어에 대한 이해력이 좋고 어휘력이 남달리 풍부하다. 《비스킷(Biscuit)》 시리즈를 혼자 읽기 시작하더니 3개월이 지난 지금은 《엘로이즈(Eloise)》와 《플라이 가이(Fly Guy)》 시리즈를 읽고 있다. 그보다 한 단계 위의 책인 《프로기(Froggy)》 시리즈도 오빠가 읽는 것을 귓등으로 듣다 보니 어느덧 술술 읽어 내는 수준이 되었다. 영어책 읽기를 시작한 지 4개월 만에 300권이나 읽었다. 그냥 책장만 넘기는 것이 아니라 정확하게 소리 내어 읽으면서 말이다.

다은이도 마찬가지다. 초등학교 입학 전까지 영어 사교육 대신 한글책 읽기에 집중했다. 초등 1학년이 되어서야 영어책을 읽고 알파벳을 배우기 시작했다. 모국어 바탕이 튼튼한 다은이는 2개월 만에 《비스킷(Biscuit)》과 《엘로이즈(Eloise)》 시리즈를 거뜬히 끝내고 《플라이 가이(Fly Guy)》 단계를 신나게 읽어 나가고 있다. 벌써 100권이 넘는 영어책을 정독하며 읽었다.

엄마와 한글책 읽기를 꾸준히 해서 독서 습관이 잡혀 있는 정은이 역시 도서관에 들어설 때마다 영어 그림책을 한아름씩 빼들고 내 무릎에 와서 앉는다. 워낙 한글책을 많이 읽는 아이다 보니 리딩 레벨을 따지지 않고 다 들고 온다. 아직 어려서 책 내용을 완벽하게 다 이해하지는 못하지만, 그래도 그림책의 그림을 보며 스토리의 흐름에 숨을 죽인 채 집중한다. 책 읽기가 끝나고 책장을 덮는 순간을 제일 아쉬워하고, 한 치의 틈도 없이 곧바로 다음 책을 내민다. 그림만 보고도 스토리의 흐름을 파악해 낸다. 파닉스를 가르친 적이 없지만 쉬운 영어책 정도는 소리 내어 읽는다.

이처럼 스스로 영어 어휘와 문장을 확장해 가는 초등 1학년 아이들을 보면 경이로움을 느낄 때가 많다.

초등 1학년을 놓치면 안 되는 이유

아이들의 언어 발달이라는 측면 외에도 초등 1학년 때 본격적으로 영어책 읽기를 시작해야 하는 중요한 이유가 있다. 영어를 자유롭게 구사하는 데까지는 많은 시간이 걸린다. 일반적으로 언어학자들은 최소한 3천 시간 정도 영어에 노출되어야 영어를 암기가 아닌 감으로 체득할 수 있다고 주장한다. 만약 한국에서 3천 시간 영어를 공부한다면, 하루에 1시간씩 10년을 공부해야 채울 수 있는 시간이다.

그런데 우리나라 초중고에서 받는 영어 수업 시간은 1천 시간도 채 되지 않는다. 그나마 그 수업도 우리말로 진행하기 때문에 학교 수업으로 영어 실력을 향상시키는 것은 거의 불가능하다. 일주일에 두세 번 학교나 학원에서 진행하는 영어 수업은 실력 향상 면에서는 크게 도움이 되지 않는다. 게다가 고학년으로 올라갈수록 다른 교과목도 공부해야 하고, 특히 성적 위주의 공부를 해야 하기 때문에 영어를 유창하게 말하고 표현하는 공부와는 점점 거리가 멀어진다.

우리나라 아이들이 처한 이런 현실을 고려해 볼 때 충분하게 영어책 읽기에 몰입할 수 있는 시간은 초등 1~3학년 때뿐이다. 이 시기에 자신의 수준에 맞는 쉽고 재미있는 영어책을 매년 1천 권 정도 읽는다면, 적어도 3천 권의 영어책을 읽고 고학년에 올라가게 된다. 쉽고 재미있는 리더스북을 1천 권에서 2천 권 정도 읽은 아이는 자연스럽게 챕터북 단계로 옮겨 가게 된다. 챕터북 단계에서는 다소 글자 수가 많아지고 내용도 어려워지지만 이미 리더스북을 통해 영어책 읽는 훈련이 되어 있기에 크게 걱정할 것이 없다.

얼마나 높은 수준의 영어책을 읽게 할 것이냐, 얼마나 일찍 시작할 것이냐, 이런 것은 그다지 중요한 문제가 아니다. 초등학교에 들어가기 전에는 최대한 모국어의 발달에 관심을 기울이되, 초등 1학년 때부터는 아이가 자신의 수준과 흥미에 맞는 영어책을 재미있게 읽을 수 있도록 지도하는 것이 무엇보다 중요하다. 이것이야말로 진정한 의미에서의 적기 교육이다.

초등 저학년 시기에 1천 권에서 3천 권 정도의 영어책을 읽고 고학년으로 올라가는 아이는 학창 시절만 아니라 사회에 나가서도 평생 영어라는 기구를 타고 자유롭게 세계 무대를 누비는 글로벌 리더로 성장할 것이다.

초등 1학년은 인생에서 어휘 습득이 가장 왕성한 시기이다.
한국어든 영어든 스스로 어휘를 확장해 가는 능력을 가지고 있다.
이때야말로 1년 1천 권 영어책 읽기를 시작할 최적의 시기다.

두 개 언어에 능통한
아이로 키워라

———

미국에서 생활하면서 가장 놀랐던 것은 이민 2세대 자녀가 한
국말을 거의 못한다는 사실이었다. 이민 1세대 부모는 미국 사회
에 정착하고 적응하느라 바쁜 탓에 아이의 한국어 교육에 신경을
쓰지 못한다. 거기에다 부모 자신부터 영어 때문에 많은 장벽과
어려움을 겪다 보니 아이에게는 모국어보다 영어를 더 강조했다.
그나마 모국어가 중요하다고 생각하는 부모는 일주일에 1~2시간
정도 한국 학교에 보내 한국말을 배우게 하지만, 대부분의 시간을
영어권에서 보내는 2세대에겐 턱없이 부족한 시간이다. 그러다

보니 겉모습은 한국인인데 속으로는 '뼈 속까지 미국인'이 되는 것이다.

그런데 국제 사회에서는 물론 미국에서조차 단지 영어만 잘하는 사람을 인재로 여기지 않는다. '가장 한국적인 것이 가장 세계적인 것'이라는 말이 있듯이, 자신의 모국어와 자신의 문화적 배경이 뚜렷한 사람, 그러면서도 동시에 영어를 잘하는 인재를 원한다. 한국인이라는 분명한 정체성을 가지고 있는 사람, 자신만의 분명한 언어적, 문화적 뿌리를 가지고 있으면서도 영어를 잘하는 사람을 원한다는 뜻이다. 바로 이런 이유 때문에 영어를 가르칠 때는 모국어가 제대로 형성된 초등 시기에 시작하라고 강조하는 것이다.

세계에서 활약하는 한국인의 특징

봉준호 감독이 영화 〈기생충〉으로 2020년 아카데미 영화제에서 4개 부문을 석권한 후로 많은 해외 언론으로부터 인터뷰 요청을 받았다. 그때 그의 뒤를 그림자처럼 따라다니며 통역을 맡은 사람이 있다. 샤론 최(최성재)이다. 그녀는 언론들로부터 '언어의 아바타', '이름 없는 영웅', '통역 그 이상의 통역가', '봉준호 감독의 속마음까지 통역하는 통역가'라는 찬사를 받을 정도로 탁월한 통역 실력을 발휘했다.

샤론 최는 어떻게 이렇게 훌륭한 통역사가 될 수 있었을까? 물론 어렸을 때 2년간 미국에서 학교를 다녔고, 외국어고등학교를 졸업했으며, 미국 남가주 대학교를 졸업했다는 점을 들 수 있을 것이다. 또 대학에서 영화예술미디어학을 전공해서 영화에 대해 폭넓은 지식을 가지고 있었다는 것도 중요한 원인으로 꼽을 수 있다. 그렇지만 그녀를 탁월한 통역가로 만든 가장 근본적인 원인은 탄탄한 모국어 실력이다. 모국어에 대한 남다른 이해력과 표현력을 가지고 있었기에 봉준호 감독이 하고자 하는 말의 숨은 뜻까지도 정확히 이해할 수 있었고, 그것을 가장 영어다운 영어로 표현해 낼 수 있었던 것이다.

이런 탁월한 이중 국어 능력을 키우려면 우리말은 우리말대로, 영어는 영어대로 받아들이고 표현하는 능력이 있어야 한다. 그렇게 하기 위해서는 모국어 실력과 영어 실력을 동시에 길러야 한다. 강경화 장관도 마찬가지다. 그녀 역시 튼튼한 모국어의 바탕 위에서 영어를 구사하기 때문에 국제 사회에서 우리나라의 이익을 위해 일할 수 있는 것이다.

책으로 소리 환경 만들어 주기

우리 아이를 샤론 최나 강경화 장관 같은 국제 사회가 요구하는 글로벌 인재로 키우기 위해서는 어려서부터 가정에서 책을 많이 읽어 줘야 한다. 이 시기에는 영어를 가르치려고 하기보다 영어 소리를 많이 들려주어야 한다. 최대한 소리 환경을 많이 만들어 줘야 한다는 말이다. 우리말이든 영어든 마찬가지다.

아이는 보통 만 3세 정도가 되어야 우리말을 알아듣고 자기표현을 할 수 있게 된다. 이때까지 걸리는 시간이 대략 5,475시간이라고 한다. 모국어인 우리말도 이 정도 시간이 걸려야 귀가 열리고 말문이 열린다면 외국어인 영어는 오죽하겠는가. 다만, 학교나 학원에서 접하는 영어만으로는 영어를 유창하게 할 수 없다. 따라서 아이가 집에 머무는 시간에 최대한 영어 환경을 마련해 주는 데 좀 더 신경을 써야 한다. 아이에게 영어책을 많이 읽어 주면 처음에는 아이의 듣기 실력이 향상된다. 듣기 실력이 좋아지면 읽기 실력도 저절로 늘게 된다. 그리고 꾸준히 듣고 읽다 보면 소리뿐 아니라 단어와 문장의 뜻까지 스스로 듣고 이해할 수 있게 된다.

아이를 이중 언어에 능통한 사람으로 키우기 위해서는 이런 물리적인 영어 환경을 만들어 주는 것과 더불어 심리적으로도 편안한 환경을 만들어 주는 것이 매우 중요하다. 아이의 영어 발음을 자꾸 지적하고 고쳐 주려고 하면 아이는 자신감을 잃어버리고 사람들 앞에서 말하는 것에 대해 위축감을 느낄 수 있다. 잘못된 발음은 앞으로 살면서 얼마든지 고칠 수 있다. 굳이 부모님이 아니라도 학교나 학원 선생님을 통해서도 고칠 수 있고 오디오 교재를 통해서도 고칠 수 있다.

적어도 가정에서만큼은 아이의 자존감을 높여 주고 적극적으로 말할 수 있도록 칭찬과 격려를 많이 해 주어야 한다. 아이의 잘난 척과 유치한 자랑도 인정해 주는 것이 언어 발달뿐만 아니라 자신감과 사회성 발달에도 도움이 된다.

세계는 모국어가 탄탄하면서 영어를 유창하게 하는 인재를 원한다. 아이에게 어려서부터 책을 많이 읽어 주고 아이 스스로도 읽게 하면, 모국어와 영어에 능통한 아이로 자란다.

해외 영어 캠프 말고
집에서 '영어책 캠프' 하라

———

국제 사회가 원하는 인재가 단순히 영어를 잘하는 사람이 아니라 튼튼한 모국어 실력을 가진 영어 능통자라고 했을 때, 영어를 배우기 위한 최상의 환경은 외국이 아니라 국내다. 비싼 영어 캠프나 외국 학교에 보내면 아이의 영어가 저절로 해결될 것이라는 생각은 부모의 환상에 불과하다.

내가 아는 아이 중에도 초등학교 5학년 때 비싼 비용을 내고 미국 영어 캠프를 다녀온 아이가 제법 있다. 그런데 이 아이들은 캠프에 다녀와서 오히려 영어에 마음의 문을 닫아 버렸다. 현지에서 미국인이 하는 영어를 알아듣지 못하다 보니 영어라는 언어에 거리감을 느낀 것이다. 자신의 영어 실력이 형편없다는 사실을 깨닫고 심리적으로도 위축감이 생겼다. 두 달간 낯선 환경에서 받은 문화 충격 탓에 다른 나라의 문화에 거부감을 느끼는 역효과까지 얻었다. 가장 큰 문제는 시간과 돈만 낭비한 것에 그치지 않고 영어 자체에 대한 거부감이 강화되었다는 점이다.

해외 영어 캠프 유감

이처럼 초등학교 때 영어의 기초가 없는 상태에서 영어 실력을 향상시킬 목적으로 외국 연수나 영어 캠프를 가면 얻는 것보다 잃는 것이 더 많다. 이것은 미국에서 직접 살아 보고 현지에서 아이들을 길러 보았기 때문에 더 자신 있게 말할 수 있다. 영어권 국가에만 가면 무조건 영어를 잘하고 영어에 대한 고민이 해결될 것이라는 환상을 버려야 한다. 어차피 외국을 가더라도 만나는 사람이나 가는 장소는 정해져 있다. 경험할 수 있는 영어 환경이 그만큼 제한적이라는 뜻이다.

물론 영어권 현지에 가서 영어를 배우면 좋은 점도 분명히 있다. 어쨌든 영어 소리 환경에 노출되는 시간이 국내에서보다는 많아질 것이고, 또 무엇보다 현지에 가야만 보고 배울 수 있는 것들이 있기 때문이다. 하지만 영어의 기초가 잡혀 있지 않고 질문 하나 제대로 하지 못하는 상태에서 외국에 나간들 실력 향상을 크게 기대할 수는 없다. 캠프를 다녀오고 거기에서 받은 동기 부여로 영어를 더 잘하게 되는 아이도 있겠지만, 이런 아이가 과연 몇 명이나 될지 의문이다.

그럼에도 불구하고 영어 캠프나 영어 연수를 계획하고 있다면, 외국 문화 체험 정도로 생각하는 것이 좋다. 초등학생의 경우, 캠프나 연수를 통해 효과를 거두려면 어느 정도 영어의 기본 실력이 쌓이고 책이나 영상을 통해 외국 문화에 대한 배경지식을 가진 상태에서 가야 한다.

만약 아이가 충분히 준비되어 있지 않다면, 차라리 그 비싼 해외 캠프나 연수 비용으로 집에서 영어책을 읽히는 것이 백배 낫다. 영어책을 읽으면 영어권에서 영어를 배우는 것 이상의 결과를 얻을 수 있다. 거듭 이야기하지만, 해외에 나간다고 해도 갈 수 있는 장소와 만날 수 있는 사람은 제한되어 있고, 따라서 직접 체험에는 한계가 있다. 직접 체험으로 해결해 줄 수 없는 나머지 영역은 어차피 책으로 배울 수밖에 없다.

영어를 한국에서 배우면 좋은 점

책은 다양한 상황에서 실제로 사용되는 다양한 표현을 간접적으로 경험하며 배울 수 있는 기회를 제공한다. 영어를 잘 배우려면 한 가지 표현을 배우더라도 그것이 사용되는 실제 상황을 함께 알고 이해해야 한다. 그래야만 영어를 더 생생하고 더 명확하게 배울 수 있다.

이런 측면에서 볼 때 영어책 읽기는 해외 영어 캠프나 연수보다 더 폭넓은 간접 경험을 가능하게 해 주고, 다양한 상황과 그에 어울리는 풍부한 표현을 만날 수 있게 해 준다. 그리고 영어책을 읽어야만 일상 대화 수준의 표현을 넘어 학습을 위한 수준 높은 표현도 배울 수 있다.

이 모든 것을 고려할 때, 영어책 읽기는 그 어떤 해외 영어 연수나 캠프보다 효과적이다. 굳이 영어를 배우기 위한 목적으로 아이를 해외로 보낼 계획을 가지고 있다면 차라리 그 돈으로 쉽고 재밌는 영어책을 사서 아이와 함께 즐겁게 읽어 보라. 단언컨대 캠프 이상의 효과를 거둘 것이다.

지금 우리가 살고 있는 한국이라는 이 환경이야말로 모국어와 영어를 동시에 가르칠 수 있는 최고의 환경이다. 영어책 하나면 돈 들이지 않고도 얼마든지 국제 사회가 요구하는 글로벌 인재로 키울 수 있다.

비싼 해외 캠프 비용으로 집에서 영어책을 읽히는 것이 백배 낫다.
쉽고 재밌는 영어책을 사서 아이와 함께 즐겁게 읽어 보라.
해외 영어 캠프 이상의 효과를 거둘 것이다.

파닉스,
차라리 하지 마라

———

　초등학교 1학년인 윤서를 처음 만났을 때 파닉스는 물론이고 알파벳의 기초조차 잡혀 있지 않았다. '초등 이전까지는 아이를 자유롭게 키우자'는 엄마의 교육 철학 덕분에 윤서는 초등학교에 들어가기까지 영어 사교육을 전혀 받지 않았다. 공부에 대한 스트레스가 없다 보니 요즘 아이들과 달리 밝고 행복한 표정을 자주 짓고 자존감도 매우 높았다. 윤서는 또래 친구들이 영어책을 읽는 것을 보고 자신도 영어책을 읽고 싶은 동기를 가지게 되었다.

　처음에는 윤서의 학습 스타일을 잘 몰랐기 때문에 일단 알파벳과 파닉스 교재로 접근해 보았다. 하지만 시간이 지나도 학습에 효과가 나타나지 않았다. 초등 이전에 영어 노출이 거의 없었던 아이다 보니 알파벳 낱글자와 음가를 가르치는 것이 전혀 도움이 되지 않았다. 고민 끝에 방법을 바꾸어 보았다. 가장 쉬운 단계의 영어책을 같이 읽기로 했다. 영어책 읽기에 처음 입문하는 아이들이 쉽게 접근할 수 있는 《비스킷(Biscuit)》 시리즈로 시작했다.

놀랍게도 윤서는 통문자로 된 영어 단어들을 읽기 시작했다. 알파벳 낱글자를 따로 가르쳤을 때는 힘들어 했는데, 단어와 문장으로 가르쳤더니 오히려 효과가 나타났다. 특히 윤서는 책에 등장하는 주인공 강아지 비스킷을 좋아했다. 자기가 갖고 싶은 작고 귀여운 강아지가 영어에 친근함을 느끼게 했다. 비스킷에 대한 사랑이 커져 갈수록 읽을 수 있는 책 또한 점점 늘어났다. 그 사이에 윤서는 자연스럽게 알파벳의 음가와 파닉스 규칙을 스스로 찾아 나갔다.

파닉스를 쉽고 빠르게 익히는 법

많은 부모들이 아이들에게 알파벳과 파닉스를 가르치기 위해 많은 비용과 시간을 투자하는 것을 보게 된다. 길게는 6개월에서 1년씩 파닉스 규칙만 가르치는 경우도 있다. 물론 초등 이전에 영어 소리에 노출이 많았던 아이나 초등 고학년이 되어 영어를 시작하는 아이의 경우, 파닉스 규칙을 쉽게 이해하고 영어책을 더 빨리 읽을 수 있다.

그러나 초등 이전에 영어 노출이 거의 없었던 아이는 파닉스 규칙을 이해하기 어렵다. 왜냐하면 영어의 알파벳은 다양한 음가를 가지고 있을 뿐 아니라 파닉스 규칙을 따르지 않는 단어도 많기 때문이다.

따라서 이런 아이에게는 파닉스 자체만 따로 가르치기보다는 쉽고 재밌고 흥미를 끌 만한 영어책으로 시작하는 것이 더 효과적이다. 특히 영어책에는 아이들이 좋아할 만한 캐릭터와 그림이 함께 실려 있어서 알파벳 자체만 가르치거나 지루한 파닉스 규칙만 반복해서 가르치는 것보다 훨씬 더 효과적이다.

윤서처럼 영어 소리 노출이 거의 없었고 아직 알파벳이나 파닉스를 모르는 아이라면 CD가 딸린 쉬운 책으로 영어를 가르치는 것이 좋다. 그래야만 그림과 글자, 소리를 연결시키고, 단어와 문장을 읽을 수 있게 된다. 이것이 바로 음소를 인식하는 단계이다.

에릭 칼의 책처럼 쉬운 문장이 반복되는 책이면 가장 이상적이다. 《갈색 곰아, 갈색 곰아, 무엇을 보고 있니?(Brown Bear, Brown Bear, What Do You See?)》 같은 책을 여러 번 반복해서 듣고 읽게 하면 자연스럽게 소리와 단어를 기억하고 연결시킬 수 있게 된다. 영어 소리 노출이 많지 않은 아이에게 파닉스를 처음 가르칠 때는 단어나 규칙 하나 더 알게 하는 것보다 영어 자체에 흥미를 느끼도록 환경을 조성해 주는 것이 중요하다.

읽기 전에 듣게 하라

아이에게 영어책을 많이 읽게 할 계획을 가지고 있다면, 읽기보다 먼저 해야 할 것이 있다. 다름 아닌 영어 소리 듣기이다. 아이가 좋아하는 영어 동요나 쉬운 영어 동화를 많이 소리 내어 읽어주면 아이는 영어 소리에 익숙해지게 된다. 이렇게 하면 좀 더 쉽게 단어와 소리를 연결하는 능력을 갖추게 되고, 굳이 파닉스를 따로 배우지 않아도 된다.

영어 소리가 익숙하지 않은 상태에서 문자를 익히려다 보니 아이가 영어를 어렵게 생각하고 싫어하게 되는 것이다. 영어책 읽기가 즐거운 과정이 되려면, 영어책 읽기를 시작하기 전에 영어 소리를 많이 들려줘서 귀가 열리게 하고 영어에 흥미를 갖게 해야 한다.

아이가 모국어를 익히는 과정을 보더라도, 처음에는 같은 단어를 반복해서 듣다가 어느 순간 흉내를 내고, 그러다가 글을 읽고 쓰는 단계까지 나간다. 영어도 계속 반복해서 듣다 보면 어느덧 말을 하고 글을 읽고 쓸 수 있는 수준에 이르게 된다. 모국어를 익힌 방식으로 접근하면 영어도 얼마든지 정복할 수 있다.

자신의 두 아들을 '엄마표 영어'로 길러 낸 새벽달 남수진 씨도 《엄마표 영어 17년 보고서》에서 아이에게 영어 '문자'를 보여 주기 전에 영어 '소리'를 많이 들려주라고 권한다. 심지어 아이가 알고 있는 영어 어휘가 적어도 1천 개 이상 되었을 때 파닉스 원칙을 가르치라고 말한다. 인풋된 영어 어휘가 많다면 파닉스는 한 달, 아니 2~3주면 족하기 때문이다.

사실 더 엄격하게 말하자면 굳이 파닉스를 배우지 않아도 책을 읽는 데는 아무 지장이 없다고까지 주장한다.

"언어라고 하는 것은 많이 듣고, 많이 말하고, 단어를 하나하나 읽어 가다 보면 어느새 그 언어로 된 책을 읽을 수 있는 단계까지 나가게 된다. 쉬운 영어 단어를 소리 내어 읽어 보고 공책에 써 보고, 짧은 리더스북을 하루 5권 정도 읽는 이런 기본적인 것만 꾸준히 실천해도 얼마든지 영어책을 읽는 아이로 성장할 수 있다."

알파벳이나 파닉스를 억지로 가르치면 부정적인 경험만 갖게 한다.
파닉스 대신 CD가 딸린 쉬운 영어책으로 놀게 하라.
그림과 글자, 소리를 반복적으로 연결시키다 보면
어느 순간, 단어와 문장을 읽는 놀라운 모습을 보여 줄 것이다.

아이는 엄마의
영어 그릇을 닮는다

초등 1학년인 종우는 발음이나 영어 감각이 매우 자연스럽고 유창한 아이다. 다른 아이들에 비해 영어를 일찍 시작한 것도 아니고 영어 유치원을 다닌 것도 아니다. 그런데 종우의 영어가 이렇게 빠르게 성장할 수 있었던 배경에는 엄마의 정성이 있었기 때문이다. 종우 엄마는 책을 좋아하는 종우를 위해 매일 밤 영어책을 읽어 주었다. 그뿐 아니라 엄마 역시 부지런히 자신의 수준과 흥미에 맞는 영어책 읽기를 지속했고, 화상 영어를 통해 영어를 배우고자 열심히 노력했다. 엄마가 영어를 공부하기 위해 노력하는 모습을 보여 주고 엄마가 성장하는 만큼 아이를 도와 줄 수 있을 것이라는 믿음 때문이었다.

초등 1학년인 예린이의 경우도 마찬가지다. 외국 한 번 나갔다 온 적 없고 영어 유치원 근처에도 가 본 적이 없는 아이다. 하지만 발음이나 영어책 읽기 수준은 원어민 아이를 방불케 한다. 예린이가 가진 영어에 대한 이해력과 집중력은 경이로운 수준이다. 그런데 예린이의 이런 뛰어난 영어 실력 이면에는 영어를 사랑하는 엄마가 있었다. 아이 셋에다 부동산 관련 일까지 하고 있는 예린이 엄마는 누구보다 바쁘게 하루를 살아간다. 그러다 보니 영어에 관심은 많지만 학원을 다닐 형편이 되지 않는다. 그래서 선택한 것이 온라인 영어 수업이었다. 엄마가 열심히 영어책을 읽고 영어를 배우는 모습을 보면서 예린이는 엄마처럼 되고 싶다는 꿈을 가졌다. 영어를 공부하는 엄마를 늘 자랑스럽게 생각했고, 엄마랑 같이 영어책을 읽으면서 깊은 동지애를 느꼈다.

종우나 예린이를 보면서 깨달은 것이 있다. 결국 엄마의 영어 그릇의 크기, 엄마의 영어에 대한 감정이 아이에게 그대로 전달된다는 것이다. 엄마가 영어에 대해 늘 불안감을 느끼고 두려움을 느낀다면 아이 역시 동일한 감정을 느낀다. 그에 반해 엄마가 영어를 사랑하고 영어에 대해 즐거움을 느끼면 아이 역시 긍정적인 감정을 느낀다.

아이를 영어에 능통한 아이로 키우고자 한다면 학원에만 의존하는 것은 좋은 생각이 아니다. 학원만 보내 놓으면 학원이 알아서 다 해 줄 거라는 생각을 버려야 한다. 지나칠 정도의 관심은 나쁘지만 무관심이나 방관은 더 큰 문제다. 가정에서 엄마가 먼저 영어를 가까이하고, 영어 공부에 모범을 보이는 것이 중요하다.

아이는 영어 공부, 엄마는 드라마 시청?

나는 미국에 거주하는 동안 도서관에서 책을 빌려 오면 아이보다 먼저 읽고 아이에게 걸림이 될 만한 단어를 미리 찾아 두었다. 그리고 단어 카드를 만들어 단어 게임을 하면서 단어를 익히게 했다. 단어 카드를 이용한 문장 만들기 놀이도 했다. 그렇게 해서 만든 단어 카드가 와이셔츠 상자로 10상자가 넘었다.

사실 아이에게 영어 동화책을 읽어 주면서 아이보다 나 자신이 가장 크게 성장한 것 같다. 한국에서 교육을 받는 동안 어려운 어휘에만 익숙해져 있던 탓에 정작 미국인 앞에서는 입이 떨어지지 않았다. 그런데 아이의 영어 동화책을 읽으며 미국인이 일상에서 사용하는 가장 일반적인 영어 표현을 배울 수 있었다. 그리고 머릿속에 저장되어 있는 어휘의 적절한 용례를 배울 수 있었다.

무엇보다 이 모든 것 이전에 나는 아이 앞에 말이 아니라 삶으로 모범을 보이는 엄마이고 싶었다. 아이에게는 영어를 공부하라 하고는 엄마는 드라마를 보고 있거나 두려움을 핑계로 외국인과의 대화를 피한다면 아이는 괴리감을 느낄 것이다. 그래서 엄마인 내가 먼저 영어 공부의 모범을 보였다. 아이에게 영어책을 읽어 주는 것 외에도 도서관에서 평소 좋아하는 자기계발서를 원서로 빌려 읽었다. 차로 이동할 때도 늘 오디오북을 틀어 놓았다. 집 근처 대학이나 교회에서 제공하는 외국인을 위한 무료 ESL 클래스에도 부지런히 참여하였다. 덕분에 세계 각국에서 몰려 온 이민자들의 영어 발음을 들으며 다양한 영어에 노출되고 익숙해질 수 있었다.

미국까지 와서 한국 드라마나 보면서 시간을 낭비하거나, 굳이 한국 엄마들과 수다를 떨 이유는 없었다. 일부러 한인 교회 대신 미국 교회를 찾아갔고 그들과 친구가 되었다. 그들은 외국인인 우리를 환대해 주었고 여성을 위한 소그룹 성경 공부에 참여할 수 있는 기회도 주었다. 나는 그들과 하나가 되어 미국 교회의 여성 사역에 대해 배울 수 있었다. 기회가 될 때마다 미국 교인의 가정과 친분을 맺고 함께 시간을 보냈다. 그들을 우리 집으로 초대해서 한국 음식을 만들어 소개하고 한국의 교육과 문화에 대해서도 이야기했다. 미국 문화를 이해하고 미국인의 일상 영어 표현을 익히고자 애쓰는 엄마의 노력과 열정을 보며 아이도 영어 공부에 더 열심을 보였다. 덕분에 10년이 지난 지금도 그때 만난 미국 친구들과 페이스북으로 소통하고 있다.

엄마부터 영어를 사랑하라

엄마는 아이가 영어라는 장거리 달리기를 할 때 옆에서 같이 달리며 페이스 조절을 도와주는 페이스메이커 같은 존재이다. '의사 집안에서 의사 나오고 연예인 집안에서 연예인이 나오는 것'은 우연이 아니다. 환경이 그만큼 중요하다는 뜻이다. 엄마가 영어를 사랑하고 자신의 영어 그릇을 키우고자 노력하고 짧은 영어 실력이라도 자신감을 가지고 영어로 대화하고자 노력한다면, 아이 역시 영어를 좋아할 확률이 훨씬 높아진다. 엄마가 집안 분위기를 좌우한다. 엄마가 아이의 미래와 성공의 열쇠를 쥐고 있다 해도 과언이 아니다.

UN에서 세계인을 대상으로 유창하게 영어 연설을 하고 전 세계에 한류 문화를 퍼뜨리며 세계적인 팬을 확보하고 있는 방탄소년단의 RM의 경우, 엄마가 미국 드라마 〈프렌즈〉를 보면서 영어를 배우도록 도와주었다고 한다. 엄마의 역할이 별 것 아닌 것 같지만 이처럼 아이의 미래에 결정적인 역할을 할 수 있다. 그만큼 어릴 때 경험이 중요하다. 그러나 이것은 하루아침에 되는 것이 아니다.

초등 시절에 엄마가 조금만 영어책 읽기에 관심을 가져 주면, 그 아이는 중고등학교에 가서도 영어에 자신감을 가질 수 있다. 영어가 유창하면 내신에 유리할 뿐만 아니라 대학에 가서도 영어로 된 전공 서적을 수월하게 읽는다. 더 나아가 영어 발표나 토론을 할 수 있고 세계를 무대로 삼아 활동하는 글로벌 리더로 성장하게 된다. 꼭 이처럼 커리어의 성공만 있는 것이 아니다. 영어 실력이 좋으면 영어로 된 유튜브 영상이나 영화도 자막 없이 자유롭게 즐기고 세계인을 친구로 만들 수 있다. 신분과 국경을 초월하여 글로벌한 세상을 누리며 살아갈 수 있다. 영어 능력 하나로 아이의 삶은 그만큼 풍부해지고 폭이 넓어지게 된다.

아이에게 영어 공부 하라고 잔소리하고 다그치기 이전에 엄마가 먼저 영어를 사랑하고 영어 그릇을 넓혀라. 그리고 정해진 시간, 정해진 장소에서 매일 30분만이라도 꾸준히 아이에게 영어책을 읽어 줘라. 그러면 반드시 좋은 결과가 있을 것이다.

엄마가 영어를 사랑하고, 영어 그릇을 키우려 노력하고,
짧은 영어라도 자신감을 가지고 영어로 대화하고자 노력한다면
아이도 영어를 좋아할 확률이 훨씬 더 높아진다.

교사 엄마와
코치 엄마

―

초등학교 2학년인 민성이는 잘못된 영어 발음을 교정해 줄 때마다 "우리 엄마가 이렇게 발음하라고 했어요" 하면서 선생님의 가르침보다 엄마 발음이 더 옳다고 우기는 아이다. 아이 영어 교육에 남다른 열정과 관심을 가지고 있는 민성이 엄마는 아이의 발음까지 직접 교정해 주면서 영어를 지도했다. 그런데 문제는 엄마의 발음이 항상 옳지는 않다는 것이다. 발음을 교정해 줄 때마다 민성이는 선생님과 엄마의 가르침 사이에서 혼란스러워하는 모습을 보였다.

그것만이 아니다. 이제 2학년인데 벌써부터 영어에 대한 자신감을 잃어버리고 자기는 영어를 못하는 아이라는 정체성을 가지고 있다. 알고 보니 아빠가 영어를 유창하게 구사하는 외국계 회사 직원이었다. 초등학교에 들어가자 아빠는 사교육비도 절약할 겸 직접 영어를 가르치기 시작했다. 그런데 민성이는 생각만큼 영어 실력이 빠르게 향상되지 않았다. 영어 실력이 탁월한 아빠는 점점 답답함을 느꼈고, 자신이 가르치는 것을 아이가 제대로 이해하지 못하자 "너 바보 아냐"라는 말까지 서슴없이 내뱉는 지경에 이르렀다. 아이를 위해 시작한 영어 공부가 아이를 망가뜨리는 결과를 낳고 말았다. 아빠의 위압적인 말과 행동에 마음을 다친 아이는 급기야 영어에 두려움을 갖게 되었다.

영어 교육 현장에 있다 보면 이런 사례를 자주 만난다. 그때마다 영어 교육에서 부모의 역할이 어디까지여야 할까에 대해 생각하게 된다.

아이 인생에서 부모 역할은 어디까지일까

자신의 두 아이를 영어 영재로 키운 이혜선 선생님은 책《우리 아이 처음 영어 저는 코칭합니다》에서 엄마는 철저하게 코치로 존재해야 한다고 강조한다. 코치는 가르치는 사람이 아니다. 코치는 아이 안에 자신의 문제를 해결할 수 있는 능력과 잠재력이 있다는 사실을 인정하는 사람이다. 그렇기 때문에 억지로 끌어당기거나 일방적으로 가르치지 않는다. 아이 스스로 자신이 가진 능력과 잠재력을 최대한 끌어내고 꽃 피울 수 있도록 옆에서 힘과 동기를 부여해 준다.

코칭의 관점에서 보자면, 학습의 주도권이 엄마가 아니라 아이에게 있다. 엄마의 역할을 교사가 아닌 코치라는 관점에서 본다면, 굳이 엄마의 영어 실력이 탁월해야 할 필요가 없다. 영어에 대해 긍정적인 태도만 가지고 있으면 된다. 운동 경기로 치자면 아이는 경기장 안에서 경기하는 선수이고 엄마는 선수가 최상의 결과를 만들어 내도록 경기장 바깥에서 동기를 부여하고 격려하는 사람이다. 엄마가 지나치게 영어에 대해 많은 지식과 열정을 가지고 앞서 나가면, 아이는 도리어 위축감을 느끼고 영어에 대해 부정적인 마음을 가질 확률이 높다. 영어 공부의 주도권을 아이가 아니라 엄마가 잡고 있으면 아이와 관계에도 좋지 않은 영향을 미치고 영어 실력도 향상되지 않는다. 영어 공부는 평생 해야 하는 것인데, 이보다 더 비극적인 것은 없다.

영어만이 아니다. 인생 전반에 있어 부모는 아이에게 교사가 되어서는 안 된다. 부모는 철저하게 코치로서 존재해야 한다. 무엇인가를 더 넣어 주고 심어 주려고 하지 말라. 아이 안에는 이미 많은 것을 가지고 있다. 아이가 가진 그 많은 것을 자신감을 가지고 아웃풋할 수 있도록 칭찬해 주고 격려해 주는 것이 코치 엄마가 해야 할 역할이다.

교사 엄마와 코치 엄마

초등 1학년인 채린이는 다른 친구들처럼 술술 영어책을 읽고 싶은데 욕심만큼 영어 실력이 늘지 않아서 고민이었다. 엄마는 채린이가 조금만 더 열심히 노력하면 다른 아이들처럼 될 수 있다는 마음에 계속 단어를 가르치고 책을 읽게 했다. 그런데 이상하게도 잘하고 싶은 의욕과 달리 성과가 나타나지 않았다. 점점 두 사람의 관계는 악화되었고 아이는 아이대로, 엄마는 엄마대로 서로를 이해하지 못하는 상황까지 나가게 되었다.

고민하는 채린이 엄마에게 나는 말했다. 뒤로 한걸음 물러서서 이미 아이 안에 있는 것부터 칭찬해 주라고 했다. 채린이는 벌써 영어책 한 권을 읽어 낸 아이였다. 이미 그 안에 있는 많은 단어들을 읽을 수 있는 아이였다. 채린이가 책에서 배워 알고 있는 단어로 카드를 만들고 이것으로 문장을 만들면서 스스로 영어를 잘하는 사람이라는 자신감을 심어 주도록 조언했다. 그리고 채린이가 작은 것 하나라도 해낼 때마다 스티커를 붙여 주고 진심을 담아 칭찬하라고 했다. 아이가 못하는 부분이 아니라 이미 아이가 가지고 있는 것을 크게 보고 그것을 칭찬하고 격려할 때 아이는 자신감을 얻어 더 앞으로 나갈 수 있다. 이것이 코치 엄마의 역할이다.

코치 엄마는 아이 안에 배움에 대한 욕구가 있다는 사실을 아는 사람이다. 아이는 누구나 성장하고 싶어 하고 탁월해지고 싶어 한다는 사실을 아는 사람이다. 아이 안에 자신의 문제를 해결할 능력이 충분히 있다는 것을 알고 있는 사람이다. 그렇기 때문에 코치 엄마는 자신의 그 알량한 영어 실력으로 아이를 끌어당기지 않는다. 아이의 잠재력과 능력을 믿어 주고 스스로 그것을 최대치로 발현할 수 있도록 동기를 부여해 준다. 수준에 맞는 좋은 교재를 찾아 주고 아이가 즐거운 마음으로 집중할 수 있도록 심리적인 분위기를 만들어 준다. 아이가 작은 변화와 성장을 보이더라도 감탄하고 축하하고 기뻐하면서 아이 스스로 자신의 능력을 신뢰하는 방법을 알게 해 준다. 이렇게 생애 초기에 중요한 타인으로부터 인정과 신뢰를 받고 자란 아이는 자기의 능력에 대해 효능감을 느끼게 되고, 용기를 가지고 새로운 것을 계속 시도하고 도전하면서 성장해 간다.

재호는 코치형 부모를 가진 행복한 아이다. 초등 1학년이라고 하기에는 믿기 어려울 정도로 뛰어난 영어 실력을 가지고 있다. 원어민을 만나면 도망가기 바쁜 대부분의 아이들과 달리 재호는 스스로 원어민 선생님 방을 찾아가 먼저 말을 걸 정도로 영어에 자신감을 가지고 있다. 워낙 영어로 말하는 것을 즐거워하다 보니 웬만한 영어 말하기 대회에는 꼭 참가해서 입상한다. 외국 한 번 나가 보지 않은 재호가 어떻게 이렇게 영어에 자신감과 긍정적인 감정을 가지게 되었을까?

재호 부모님은 밤마다 재호에게 영어 동화책을 읽어 주었고, 특히 재호 아빠는 자신의 영어 실력도 향상시킬 겸 일상 속에서 재호와 영어로 대화를 나누었다. 자신들이 영어를 좀 안다고 해서 아이 위에서 가르치려고 했던 것이 아니라 아이를 하나의 독립된 인격체로 존중하고 아이의 능력을 믿어 주면서 코치 역할을 했던 것이다. 그 결과 초등 1학년이지만 재호는 스스로 영어 잘하는 아이라는 긍정적인 자아상과 더불어 자신이 현재 가진 실력만으로도 충분히 원어민과 대화를 즐길 수 있다는 자신감을 가진 아이로 성장했다.

아이는 이미 가지고 있다

영어책을 잘 읽고 싶지만 생각만큼 실력이 늘지 않는 아이가 있다. 옆에서 지켜보는 교사나 엄마도 답답하지만, 가장 답답함을 느끼는 사람은 바로 아이 자신이다. 또래 친구들은 영어책을 줄줄 읽어 내리는데 혼자만 꿀 먹은 벙어리마냥 앉아 있을 때 그 마음이 오죽하겠는가! 나는 이런 아이들을 만날 때마다 무엇인가를 더 가르치려고 하지 않는다. 그보다 먼저 아이가 이미 가지고 있는 것이 무엇인지를 파악하고 거기에 초점을 맞춘다.

아무리 영어 노출이 없는 아이라도 'ant'나 'apple' 정도는 금방 읽을 수 있다. 그러면 나는 이 아이의 능력을 열렬하게 칭찬해 준다. 이 어려운 단어를 이렇게 금방 배우고 읽을 수 있다면 이것보다 더 어려운 'cat'이나 'egg'도 할 수 있다고 격려해 준다. 그러면 아이는 어깨가 으쓱해지면서 자신감을 보이기 시작한다. 그리고 이것을 카드에 써서 단어 맞추기 게임을 한다. 이렇게 하면 5개 이하의 쉬운 단어는 금방 익힌다. 작은 것 하나에서 자기 효능감을 맛본 아이는 점점 더 어려운 것에 도전하고자 하는 의욕을 보이고, 더 잘해 보려고 애쓴다. 이미 아이 안에 잠재되어 있는 학습 능력을 바깥으로 끌어내 주는 것, 그것이 진정한 의미에서의 교육이다.

부모가 어떤 위치에서 어떤 태도로 아이를 지도하느냐에 따라 아이는 이렇게 다른 모습으로 성장한다는 사실을 알아야 한다. 아이의 영어가 생각보다 빨리 늘지 않을 때 괜히 조급한 마음에 이것저것 자꾸 더 넣어 주려고 하지 말고, 이미 아이가 가진 것을 바깥으로 표현하게 하고, 아이가 가진 것이 얼마나 많은지를 알게 해 주어야 한다. 그러면 아이는 자신감을 얻어 한걸음씩 앞을 향해 나가게 될 것이다. 그리고 마침내 우리가 바라는 그 목표 지점에 도달하게 될 것이다. 아이 영어에 있어 부모는 교사가 아니라 코치가 되어야 한다.

아이의 영어가 빨리 늘지 않는다고 이것저것 넣어 주려 하지 말라.
아이의 잠재력과 가능성을 믿어 주고 격려하라.
이것이 부모가 해야 할 전부다.

하루 15분,
영어책 읽기의 힘

초등 1학년 정민이는 또래 아이에 비해 영어 실력이 출중했다. 비결이 궁금해서 물었다.

"너 어느 학원 다녔니?"

아이는 무심한 듯 대답했다.

"저는 영어 학원 다닌 적 없어요. 엄마랑 집에서 책 읽으면서 공부했어요."

그것이 전부였다. 정민이를 보면서 놀란 것은 단순히 아이가 가진 영어 실력이 아니었다. 영어에 대해 가지고 있는 긍정적인 감정, 자발성, 주도성, 배움에 대한 열정, 이런 것이었다. 정서적으로도 밝고 안정감 있고 자신감이 넘치는 아이였다. 원어민과의 수업에서도 자신이 알고 있는 얼마 되지 않은 어휘를 가지고도 선생님과 한 시간 내내 대화를 이어 갔다. 이 아이의 밝고 자신감 넘치는 태도의 뿌리는 무엇일까? 밤마다 엄마와 가진 책 읽기 시간이었다.

범서라는 아이도 마찬가지였다. 나이에 비해 높은 사고력과 이해력을 가지고 있었다. 7살 유치원생인데도 5~6학년 누나, 형과 수업을 들었다. 그런데도 전혀 뒤처지거나 사회성에서 문제를 보이지 않았다. 범서는 밤마다 엄마와 함께 책을 읽는 시간이 세상에서 가장 행복하다고 말했다.

예지도 초등 2학년이지만 엄마는 부지런히 한글책을 읽어 주었다. 독립적인 리딩이 가능한 시기였지만 워낙 아이가 엄마와 책 읽는 시간을 좋아했기 때문에 아무리 피곤하고 힘들어도 책 읽어 주기를 멈추지 않았다. 책 읽는 습관을 통해 독서의 즐거움을 알게 된 예지는 영어책 읽기도 한글책을 대하듯 집중하며 읽었다.

이렇듯 나이에 비해 영어 실력이 좋고, 이해력과 집중력이 뛰어나고, 사회성이나 정서적인 안정감이 높은 아이들에게는 공통점이 있다. 엄마와 정해진 시간에 정해진 장소에서 적어도 30분 이상 책을 읽는 습관을 가지고 있다는 것이다.

진짜 영어 실력은 집에서 시작된다

《하루 15분 책 읽어 주기의 힘》에서 짐 트렐리즈는 "책을 많이 읽으면 읽기에 점점 능숙해지고, 능숙해지면 더 좋아하게 되고, 좋아하게 되면 더 읽게 된다. 선순환이 일어나게 된다. 그리고 책을 많이 읽으면 더 많이 알게 된다. 더 많이 알수록 더 명석해진다"고 말하고 있다. 부모와 함께 책 읽는 시간이 좋으면 아이는 점점 더 많은 책을 읽기를 원한다. '책은 정말 재미있는 것이구나, 영어는 정말 흥미로운 것이구나'라는 긍정적인 경험이 누적되기 때문이다. 따라서 한글책이든 영어책이든 책 읽기의 마법에 빠진 아이는 평생 영어를 즐기는 사람으로 살아가게 된다.

영어책 읽기로 영어 실력을 높이려면, 초등학교 때 영어책 읽기에 몰입해야 한다. 학원에 다니는 횟수나 학원에 머무는 시간이 영어 실력을 보장하지 않는다. 일상에서, 가정에서 얼마만큼 꾸준히 영어책 읽기에 시간을 투자하느냐에 따라 실력이 좌우된다. 진짜 영어 실력은 집에서 시작된다. 처음부터 30분 책 읽기가 어렵다면, 처음에는 5분, 10분으로 시작해도 좋다. 그러다가 점점 시간을 늘려 가면 된다. 엄마가 아이와 함께 영어책을 읽으며 충분히 생각하고 몰입할 수 있도록 시간과 여유를 주어야 한다. 대충 해치우거나 숙제를 하듯 해서는 좋은 결과를 기대하기 어렵다. 적게 읽더라도 생각하면서 읽는 것이 중요하다.

파닉스 단계에서 챕터북을 끝내기까지 빠른 아이는 2~3년, 늦은 아이는 5~6년이 걸린다. 평균 4년 정도의 시간이 걸린다. 이 4년만 아이에게 끊임없이 영어에 대한 동기를 부여하고 칭찬하고 격려하면서 영어책을 읽게 한다면, 분명 아이는 결코 흔들리지 않는 튼튼한 영어의 뿌리를 가진 사람으로 성장할 것이다. 4년 투자해서 평생 영어에 자유로운 사람으로 살아갈 수 있다면, 이보다 더 좋은 영어 공부법이 어디 있겠는가.

학원에 다닌 시간이 영어 실력을 보장하지 않는다.
일상에서, 가정에서 얼마만큼 꾸준히 영어책 읽기에
시간을 투자하느냐에 따라 실력이 좌우된다.
진짜 영어 실력은 집에서 시작된다.

영어에 숨은 비법은
따로 없다

———

엄마가 자녀 교육에서 제일 부담을 느끼는 것이 영어이다. 자녀
교육에 있어서 최대 이슈다. 그러다 보니 옆 사람의 말에 자꾸 귀
가 솔깃해진다. 그런데 이것저것 자꾸 바꾸다 보면 성공할 수 있
는 확률은 점점 낮아진다. 뭘 하든 한 번 시작한 것은 꾸준히 해야
성과를 얻을 수 있다. 무엇이든 새롭게 하려면 적응하는 시간이
필요하고 시간이 쌓여야 실력과 내공도 쌓이는데, 자꾸 방법을 바
꾸면 실력을 쌓을 시간이 없어진다. 일단 무엇을 선택했다면 끝장
을 보겠다는 생각으로 꾸준히 해야 한다.

영어책 읽기로 영어를 배우는 것은 달리기로 치자면 단거리가 아닌 4년 이상의 시간이 걸리는 장거리 경주이다. 장거리 경주에서 이기기 위해서는 초반부터 강하게 몰아붙여서는 안 된다. 뛰어야 할 전체 구간을 보면서 각 단계별로 적절한 시간 투자와 플랜을 세워야 한다.

영어는 콩나물시루 속 콩이다

영어에 있어 가장 중요한 것은 재능보다 끈기이다. 숨은 비법 같은 것이 따로 있지 않다. 몇 개월 안에, 아니면 영화 몇 편만 보면 영어에 통달할 수 있다고 하는 것은 다 장사꾼들의 사탕발림에 불과하다. 4년이 넘는 긴 시간을 얼마나 끈기 있게 지속적으로 자신의 페이스를 지켰느냐에 달려 있다. 초지일관 꾸준히 해야 한다. 이미 성과가 증명된 학습 방법으로 꾸준히 계속해 나간다면, 때가 되어 반드시 좋은 열매를 맺게 될 것이다.

4년 이상의 긴 시간이 걸리기 때문에 때로는 '밑 빠진 독에 물 붓기' 같은 느낌이 들 수도 있다. 내가 제대로 하고 있는 것인지 의문이 들 수도 있다. 그러나 교육이란 언제나 콩나물시루 속에 든

콩과 같다. 물이 다 빠져나가는 것 같지만 콩 표면에 묻어 있는 그 작은 물기의 힘으로 콩나물은 조금씩 자라는 법이다. 포기하지 않고 매일 꾸준히 영어책 읽기라는 물을 붓다 보면 어느새 콩나물이 자라나 있는 것을 발견하게 된다.

영어를 배우는 데는 다양한 방법들이 있겠지만, 영어의 고수들이 공통적으로 말하는 것이 바로 영어책 읽기이다. 영어도 결국 독서에 달려 있다. 나 역시 몇 년에 걸쳐 아이들에게 그렇게 우직하게 영어책을 읽어 준 덕분에 좋은 결실을 맺을 수 있었다. 무엇인가를 꾸준히 한다면 분명 무엇인가를 이룰 수 있다. 아이들과 함께 영어책을 읽고 자신의 생각과 느낌을 나누는 작은 습관들이 쌓이면 후일에 큰 열매로 보답을 받게 될 것이다. 비싼 돈을 들여 단숨에 성과를 내려는 생각은 애당초 버려야 한다. 원래 교육이란 많은 시간과 인내가 요구되는 일이다.

영어 교육에 숨은 비법 같은 것이 따로 있지 않다.
단시간에 영어에 통달할 수 있다는 것은 다 장사꾼들의 사탕발림이다.
4년이 넘는 긴 시간을 얼마나 끈기 있게 지속적으로
자신의 페이스를 지켰느냐에 달려 있다.

4장

절대 실패하지 않는
영어책 1천 권 읽기 실전 전략

실패하지 않는
영어책 고르는 법

우리나라 엄마는 유난히 아이의 리딩 레벨에 관심이 많다. 이것을 마치 아이의 영어 성적표라도 되는 것처럼 서로 비교하며 경쟁한다. 그렇지만 학원가에서 주로 이루어지는 리딩 레벨 테스트는 크게 중요하지 않다. 비슷한 유형의 시험을 여러 번 치다 보면 익숙해서 점수가 잘 나올 확률이 높고 측정 기관에 따라 결과가 조금씩 달라지기도 한다. 시험 당일 아이의 컨디션이나 심리 상태에도 영향을 받는다. 그러므로 리딩 레벨 테스트는 정확한 수치라기보다 대략적인 범위라고 해석하는 것이 맞다.

리딩 레벨 테스트는 아이의 현재 상태를 파악하는 것에 목적이 있을 뿐, 그 이상도 그 이하도 아니다. 아이가 가진 영어 실력의 전부를 말해 주는 척도가 아니다. 따라서 아이의 리딩 레벨 테스트 결과 하나에 지나치게 집착할 필요가 전혀 없다. 어디에서 출발하느냐가 중요한 것이 아니라 어디를 향해, 어떻게 나아갈 것인지, 그것이 훨씬 더 중요하다.

아이의 리딩 레벨 알기

영어책을 고르는 데 있어 가장 중요한 일은 지금 현재 아이의 영어 수준이 어느 정도인지를 파악하는 것이다. 아이의 정확한 영어 레벨을 알기 위해서는 렉사일 지수나 AR 지수를 측정하는 레벨 테스트를 받아 보는 것이 좋다.

렉사일 지수(Lexile level) : 미국의 교육 평가 기관 메타메트릭스 (MetaMetrics Inc.)가 개발한 독서 능력 측정 지수다. 미국에서 가장 보편적으로 사용하는 지수이자 가장 공신력 있는 지수이다. 렉사일 지수를 개발한 멜버트 스미스는 영어 독서 능력에 가장 효과적인 책은 전체 내용 중에서 이해되는 분량이 75% 내외인 책이라고 한다. 즉 읽고자 하는 책에서 이해할 수 있는 내용이 75%보다 낮으면 어려워서 읽기 힘들고, 75%보다 높으면 너무 쉬워서 흥미를 잃는다. 렉사일 지수 사이트(http://testyourvocab.com)에서 어휘량을 통해 렉사일 지수를 무료로 테스트해 볼 수 있다.

AR(Accelerated Reading) : 미국 르네상스 러닝(Renaissance Learning) 사에서 17만 권의 책을 대상으로 문장 길이와 어휘 수준을 분석하여 해당 도서의 난이도를 수치로 나타낸 것이다. 미국 표준 학령치를 기준으로 분석한 리딩 레벨과 연결되어 있기 때문에 6만 개 이상의 미국 학교에서 이것을 활용하고 있다. 렉사일 지수는 사이트에서 무료로 테스트를 받아볼 수 있지만, AR은 특정 기관을 이용해야 해서 가정에서 활용하기는 쉽지 않다. 다만, 렉사일 지수를 AR 지수로 변환해서 사용할 수는 있다. 다음 표를 참고하면 된다.

AR 지수	렉사일 지수	렉사일 지수 범위
1.0	300	250~325
1.5	350	325~400
2.0	400	375~450
2.5	475	450~500
3.0	520	475~525
3.5	570	525~600

4.0	640	600~700
4.5	725	650~800
5.0	800	800~850
5.5	875	850~900
6.0	925	875~950
6.5	975	950~1,000
7.0	1,015	975~1,050
7.5	1,075	1,000~1,100
8.0	1,125	1,050~1,125

이 외에도 온라인에서 무료 혹은 저렴한 비용으로 독서 레벨 테스트를 받아 볼 수 있는 곳이 있다.

리딩오션스 www.readingoceans.com

리딩앤 www.readingn.com

쑥쑥닷컴 www.suksuk.com

무조건 쉬운 책

사실, 굳이 이런 전문적인 레벨 테스트가 아니더라도 아이의 현재 리딩 레벨을 얼마든지 손쉽게 측정할 수 있는 방법이 있다. 바로 '다섯 손가락 규칙'이다. 미국이나 영국에서 아이의 리딩 레벨을 측정할 때 주로 사용하는 방법 가운데 하나인데, 읽고자 하는 책의 한 페이지를 펼쳐서 모르는 단어가 몇 개인지를 세어 보는 것이다. 1개이면 아주 쉬운 책, 2개 내지 3개면 딱 맞는 수준, 4개면 다소 어려운 책, 5개 이상이면 너무 어려운 책이라고 판단하는 방법이다.

모르는 단어가 너무 많아 내용을 이해할 수 없다면, 책을 즐겁게 읽을 수 없다. 하지만 모르는 단어가 2~3개 정도면, 문맥의 흐름을 보면서 내용이나 단어의 뜻을 유추할 수 있다. 따라서 한 페이지에서 모르는 단어가 최대 5개 미만인 책을 읽어야만 즐겁게 읽을 수 있다.

일반적으로 엄마들은 아이가 원래 레벨보다 좀 더 높은 수준의 영어책을 읽기를 원한다. 그래야만 더 빠르게 영어를 습득할 것이라고 기대하기 때문이다. 그러나 영어를 어렵게 배우는 것은 아이에게 전혀 도움이 되지 않는다. 자기 수준보다 어려운 책을 읽으면 자신감과 의욕을 잃을 가능성이 높다. 모르는 단어가 많고 내용을 이해할 수 없는 책을 읽으면서 즐거움을 느낀다는 것은 현실적으로 거의 불가능하다.

영어책을 처음 접하는 아이에게는 무조건 쉬운 책을 골라야 한다. 자기 영어 수준보다 약간 쉬운 책을 읽으면 아이는 스스로 책을 읽게 된다. 아는 단어가 많고 내용이 이해하기 쉽다고 느껴지는 책을 읽으면, 아이는 그 이야기에 빠져들고 읽는 과정에서 즐거움을 느낀다. 결과적으로 영어에 대한 긍정적인 감정과 자신감을 갖게 된다.

엄마가 아니라 아이가 좋아하는 책

또 하나, 영어책을 선택하는 데 있어 주의해야 할 것이 있다. 아이에게 무조건 쉬운 영어책을 읽게 하되, 아이가 좋아하는 책을 고르게 해야 한다. 엄마가 좋아하는 책이 아니라는 점을 명심해야 한다. 좋아하는 책에 있어서는 엄마의 기준과 아이의 기준이 다를 때가 많다. 엄마는 어른의 관점에서 좋은 책을 선택하지만, 아이는 자신의 눈높이에서 좋아하는 책을 고른다.

아이는 생김새만큼이나 학습하는 스타일이 다르고 좋아하는 책의 종류도 다르다. 어떤 아이는 춤추고 노래하는 것을 좋아하는 반면, 어떤 아이는 조용히 앉아 책을 읽거나 관찰하는 것을 좋아한다. 아이는 대체로 주인공을 자신과 동일시하는 경향이 있다. 그렇기 때문에 자기와 같은 성별의 주인공이 등장하는 책을 선호한다. 여자아이는 공주가 나오는 책을 좋아하고, 남자아이는 탐정이나 로봇 혹은 동물이 주인공으로 등장하는 책을 좋아한다. 아이마다 좋아하는 캐릭터가 따로 있다. 총이나 군함, 전쟁 놀이에 관심이 많은 성민이에게 6살 꼬마 소녀가 주인공으로 등장하는 《엘로이즈(Eloise)》 시리즈를 보여 주었더니 기겁을 하며 도망갔다. 여자 아이가 주인공으로 등장하는 책은 절대 읽지 않을 것이라고 주장했다.

영어책이라면 귀를 틀어막던 종수도 자신이 좋아하는 스타일의 책, 가령 《플라이 가이(Fly Guy)》를 읽어 줄 때는 한순간도 눈을 떼지 않고 책에 집중했다. 알파벳조차 모르고 영어에 관심이 없던 주현이도 자기가 좋아하는 귀여운 강아지가 주인공으로 나오는 《비스킷(Biscuit)》 시리즈를 읽어 주었더니 점점 책에 관심을 보이더니 급기야 스스로 책을 읽기 시작했다. 축구를 좋아하는 현수는 《프로기(Froggy)》 시리즈 가운데 하나인 《Froggy Plays Soccer》를 몰입해서 읽는다. 자신과 주인공 프로기를 동일시하는 것이다. 엄마는 영어를 대하는 아이의 태도가 이전과는 완전히 다르게 변해 가는 모습을 보며 놀라움을 금치 못한다.

아이가 어떤 책을 좋아하는지, 어떤 주제에 관심이 있는지 알고 싶다면, 서점이나 도서관에 데리고 가서 아이가 직접 읽고 싶은 책을 고르게 하는 것이 좋다. 엄마가 이 책 저 책 추천하거나 강요하지 않고 아이가 읽고 싶은 책만 골라 오게 한다. 그러다 보면 아이가 어느 분야에 관심이 있는지 정확히 파악할 수 있다.

그리고 아이가 평소 어떤 주제에 흥미를 느끼는지 주의 깊게 관찰해야 한다. 그렇게 함으로써 자동차나 로봇 쪽에 관심이 많은 아이는 기계 쪽으로, 동물이나 인체에 관심이 많은 아이는 자연과학이나 의학 쪽으로, 역사나 위인전에 관심 많은 아이는 정치나 사회과학 쪽으로 관심사를 점차 확대해 가도록 도와줄 수 있다.

여기서 한 가지 더 기억해야 할 것이 있다. 아이의 취향에 맞는 책을 고르되, 다른 아이들이 좋아하는 책이라고 해서 무조건 골라서는 안 된다는 것이다. SNS 광고나 다른 엄마들이 추천하는 교재라고 해서 무조건 구입해서는 안 된다. 옆집 아이와 내 아이는 분명 다르다. 아이들이 좋아하는 관심 분야는 저마다 다르다.

집집마다 사 놓고 안 읽는 영어책이 많은 이유가 무엇인가? 다른 사람 말만 듣고, 광고만 믿고, 비싼 돈을 투자해서 샀지만 결국 우리 아이에게는 맞지 않는 책이기 때문이다. 그러므로 수십만 원에 달하는 전집을 사기 전에 먼저 아이를 데리고 서점이나 도서관에 가서 다른 사람이 추천해 준 책에 어떤 반응을 보이는지부터 살펴야 한다. 아이가 그 책에 흥미를 보이면 그때 사 줘도 늦지 않다.

재밌지 않으면 책이 아니다

책을 많이 읽으려면 자기 수준에 맞아야 하고, 자신이 흥미를 느끼는 주제여야 하고, 무엇보다 재미있어야 한다. 그래야만 책 읽기에 몰입할 수 있다. 재미가 없으면 효과를 얻을 수 없다. 싫은 것을 억지로, 엄마 눈치 보느라, 시험 때문에 어쩔 수 없이 하면, 아이는 영어에 반감을 갖게 되고 자신감과 성취감이 떨어져서 제대로 실력을 향상할 수 없게 된다. 당장 영어 성적은 오를 수 있겠지만, 결국 부모 세대처럼 '꿀 먹은 벙어리', '영어 울렁증 환자' 한 사람 더 양산하는 것밖에 되지 않는다.

세계 무대에서 자유롭게 영어로 자신의 의사를 표현하고 자신의 세계를 넓히며 자신이 원하는 것을 얻어내는 실력자로 키우고자 한다면, 처음부터 쉽고 재밌는 영어책 읽기로 접근하는 것이 최고의 방법이다. 크라센 박사의 말대로라면, 그것만이 외국어인 영어를 습득할 수 있는 '유일한 방법'이다. 재밌어서 하는 일만이 꾸준히 할 수 있고 효과도 얻을 수 있다. 아무리 열심히 하는 사람이라도 좋아서 하는 사람이나 즐기면서 하는 사람을 이길 수 없다.

부모 세대처럼 10년 넘게 영어를 배워도 한마디 못하는 사람이 아니라, 원어민과 자유롭게 대화하는 사람, 영어를 잘하는 사람으로 키우고 싶다면, 아이가 자기 수준에 맞는 책, 그리고 자신이 좋아하는 책을 읽게 해야 한다. 무조건 쉽고 재밌는 책으로 시작하라.

책을 많이 읽으려면 자기 수준에 맞아야 하고,
자신이 흥미를 느끼는 주제여야 하고, 무조건 재미있어야 한다.
그래야만 책 읽기에 몰입할 수 있다.

영어책 종류에는
어떤 것이 있을까

영어 동요책

오디오가 딸린 《위 싱 포 베이비(Wee Sing for Baby)》는 어린아이를 위해 제작되어서 같이 부르고 듣기만 해도 마음이 평온해지고 행복해진다. 차로 이동할 때 아이와 함께 들을 수 있어서 좋고, 잠들기 전 CD를 들려주면 영어 소리 노출에 크게 도움이 된다.

나도 잠잘 때마다 아이들에게 영어 동요를 들려주었는데, 그것이 영어 소리에 친숙함을 느끼게 해 주었을 뿐만 아니라 아이의 정서 발달에도 큰 영향을 끼쳤다. 음악을 전공하지는 않았지만, 두 아이 모두 학창 시절 내내 음악과 악기 연주에 관심과 재능을 보인 것도 어렸을 때부터 꾸준히 《위 싱 포 베이비(Wee Sing for Baby)》를 들려주었기 때문이 아닐까 생각한다.

대표적인 영어 동요책으로는 《위 싱 포 베이비(Wee Sing for Baby)》 시리즈가 있다. 이외에도 영어 전래 동요인 《마더 구스(Mother Goose)》와 《너스리 라임(Nursery Rhymes)》도 영어 소리 노출과 어휘 발달에 크게 도움이 될 수 있다.

영어 그림책

흔히 픽처북(Picture Book)이라고 부르며, 말 그대로 그림이 주를 이루고 있다. 아이들이 스스로 읽는 책이라기보다 엄마 아빠가 읽어 주는 책이다. 대표적으로 《갈색 곰아, 갈색 곰아, 무엇을 보고 있니?(Brown Bear, Brown Bear, What Do You See?)》, 《우리 아빠(My Dad)》, 《피기스(Piggies)》, 《배고픈 애벌레(The Very Hungry Caterpillar)》, 《곰 사냥을 떠나자(We're Going on a Bear Hunt)》 등이 있다.

영어 그림책은 아이의 사고력과 상상력을 자극하는 좋은 그림이 들어 있을 뿐만 아니라 내용 또한 창의적이고 기발한 것이 많다. 하지만 그림책이라고 해서 쉽게 생각해선 안 된다. 그림에 비해 단어의 양이 적긴 하지만, 영미권 아이를 대상으로 쓴 책이기 때문에 영어를 외국어로 접하는 EFL 학습자에게는 난도가 높은 책도 상당하다. 따라서 처음 영어책 읽기를 시작하는 아이에게는 한 페이지에 한 문장 정도만 있는 짧고 쉬운 책으로 시작하는 것이 좋다. 《비(Rain)》, 《곰 사냥을 떠나자(We're Going on a Bear Hunt)》, 《엎질러진 우유처럼 보여(It Looked Like Spilt Milk)》같은 책들로 시작하면 영어 그림책에 대한 부담감을 줄일 수 있다.

짧고 단순한 문장을 가진 영어 그림책에 익숙해지면, 차츰 글이 긴 책에 도전해 본다. 엄마 아빠의 목소리로 아이에게 직접 읽어 주는 것이 가장 바람직하지만, 이것이 어렵게 느껴지면 책에 딸려 있는 CD를 이용하는 것도 방법이다. 요즘은 유튜브에서 원어민이 올려 놓은 영어 그림책 영상을 만날 수 있다. 다만 오디오 CD나 유튜브 영상을 이용할 때는 매체에 아이를 맡겨 놓아선 안 되고, 반드시 엄마 아빠가 함께 있어야 한다.

영어 그림책을 읽어 줄 때는 칼데콧상(Caldecott Medal) 수상작을 중심으로 읽어 주는 것이 좋다. 요즘에는 칼데콧 상 수상작을 비롯해 좋은 그림책을 '노부영(노래로 부르는 영어)' 시리즈로 만들어 아이들이 더 쉽고 재미있게 접할 수 있게 해 놓았다. 칼데콧상은 그해 최고의 미국 삽화가와 작가에게 주어지는 상으로, 한 명에게만 주어지는 골드 메달(Gold Medal)과 2~5명에게 주어지는 칼데콧 아너(Caldecott Honor)가 있다.

그러나 칼데콧상 수상작이라고 해서 무조건 다 도움이 되는 것은 아니다. 미국의 문화와 정서는 우리와 상당한 차이가 있다는 것을 감안하고 신중하게 책을 선택해야 한다. 뉴욕도서관 선정 '좋은 그림책 100(100 Great Children's Books)'과 〈타임〉지 선정 '시대를 초월한 그림책 베스트 100(100 Best Children's Book of All Time)'을 비롯해 여러 공인된 기관에서 인정하고 검증한 책들을 참고하면 좋다. 유명한 영어 그림책은 대부분 한글로 번역되어 있기 때문에 먼저 한글로 읽어 준 다음 다시 영어로 읽어 주는 것도 좋은 방법이다. 한글책으로 익숙한 내용을 영어책으로 읽어 주면 아이가 영어 소리에 집중할 수 있어서 효과적이다.

파닉스 스토리북

아이에게 파닉스 규칙을 알려 주기 위해 만든 이야기책이다. 닥터 수스(Dr. Seuss)의 파닉스북이 대표적이다. 파닉스를 가르치는 것이 주된 목적이다 보니 가르치고자 하는 알파벳이나 단어를 강조해서 억지로 스토리를 만든 경우가 대부분이다. 다른 책에서는 잘 쓰지 않는 단어가 등장할 때도 많다.

이런 종류의 책은 파닉스 규칙을 익히는 데는 도움이 되지만 스토리 자체에 흥미나 매력을 느끼기는 어렵다. 특히 영미권 아이를 대상으로 쓴 책이 많아 외국어로서 영어를 배우는 우리나라 아이에게는 상대적으로 어렵게 느껴질 수 있다. 그러므로 파닉스 스토리북을 선택할 때도 신중을 기해야 한다. 나는 옥스퍼드 대학교 출판사에서 나온 《플로피스 파닉스(Floppy's Phonics)》 시리즈를 애용한다. 내용이 간단하고 그림이 선명해서 처음 파닉스를 접하는 아이가 지루하지 않게 접근할 수 있다. 《비스킷 파닉스(I Can Read! Biscuit Phonics)》도 추천할 만하다.

리더스북

영어책을 읽기 시작한 아이의 독서 실력을 향상시키기 위해 만든 책이다. 영미권 학생만 아니라 영어가 모국어가 아닌 이민자

자녀나 우리처럼 영어를 외국어로 배우는 전 세계 아이를 대상으로 하기 때문에 글자 수가 적고 단어나 문법도 크게 어렵지 않다.

리더스북의 장점은 책이 레벨별로 되어 있어서 아이의 리딩 레벨에 맞게 단계적으로 읽어 갈 수 있다는 점이다. 특히 내용이 쉽고 책이 얇기 때문에 영어책 읽기 초기에 다독하기 좋다. 거기에다 아이가 알아야 할 쉽고 기초적인 단어를 반복적으로 사용하기 때문에 필수 어휘(Sight Words)를 익히기에도 아주 좋다.

초기 리더스북의 경우, 아이가 좋아할 만한 그림이 있고 보통 한 페이지에 한 문장 정도로 짧게 구성되어 있다. 따라서 아이가 책 읽는 즐거움과 뿌듯함을 느끼기에 좋다. 아직 어린 초등 아이가 1년에 1천 권 이상의 영어책을 읽을 수 있는 이유도 바로 여기에 있다.

대표적인 리더스북 시리즈로서 《헬로 리더스(Hello Readers)》, 《언 아이 캔 리드(An I Can Read)》, 《옥스포드 리딩 트리(Oxford Reading Tree)》가 있다. 이 가운데서도 전 세계적으로 가장 많이 읽히는 리더스북은 《옥스포드 리딩 트리(Oxford Reading Tree)》 시리즈이다. 모두 9단계로 구성되어 있어서 아이의 리딩 수준에 맞게 골라 읽으면 된다. 매일 3~5권 정도 정독하거나 오디오 CD를 따라 읽게 하면, 듣기와 읽기, 말하기 능력까지 동시에 향상시킬 수 있다. 초기 영어책 읽기에 있어서는 단연 최고의 교재라 할 수 있다.

챕터북

말 그대로 챕터가 나누어져 있는 책이다. 영어 그림책과 리더
스북을 통해 어느 정도 읽기 능력을 갖춘 아이가 소설로 넘어가기
전에 거치는 단계다. 그러나 그림책이나 리더스북을 읽던 아이가
챕터북으로 바로 넘어가면 조금은 어려워할 수 있기 때문에 챕터
북에 좀 더 쉽게 적응할 수 있도록 그림을 넣어 만든 초기 챕터북
을 거치면 좋다. 《네이트 더 그레이트(Nate the Great)》, 《호리드 헨
리(Horrid Henry)》 시리즈 같은 책들이다.

챕터북은 리더스북보다 글이 많고 내용도 길지만 스토리가 훨씬
재밌기 때문에 아이는 자연스럽게 이야기 속에 빠져들게 된다. 그
과정에서 영어책을 다독하게 되고 더 높은 수준의 챕터북을 읽을
수 있는 중상급 학습자로 넘어가게 된다. 영미권 초등학생에게 책
읽기의 즐거움을 알게 할 목적으로 만들어진 책이기 때문에 아이
가 흥미를 끌 만한 기발한 스토리와 독특한 캐릭터를 가진 주인공
이 등장한다. 문장이 간단하고 표현이 생생해서 영어책이 익숙하

지 않은 아이도 쉽고 재미있게 읽을 수 있다. 책 내용이 대부분 비슷한 패턴으로 진행되기 때문에 빠른 속도로 책을 읽을 수 있다.

챕터북 레벨은 미국 초등학교 1~6년까지 다양하다. 챕터북 뒷면 커버에는 RL(리딩 레벨)이 적혀 있어서 이것을 보면서 아이에게 맞는 책을 선택할 수 있다. 대표적인 책으로 《네이트 더 그레이트(Nate the Great)》, 《머시 왓슨(Mercy Watson)》, 《마이티 로봇(Mighty Robot)》, 《아서 챕터북(Arthur's Chapter Book)》, 《마법의 시간 여행(Magic Tree House)》 등이 있다.

영어 소설

영미권 독자를 대상으로 만들어진 창작 소설로서 현실에서 일어날 수 있는 이야기를 작가가 상상해서 꾸며 쓴 글이다. 이 단계의 책을 읽으면 무한한 상상의 날개를 펼치게 되며 언어 능력도 높은 수준에 이르게 된다. 대표적인 책으로 《샬롯의 거미줄(Charlotte's Web)》, 《해리포터(Harry Potter)》, 《더 기버(The Giver)》, 《턱 에버래스팅(Tuck Everlasting)》, 《헝거 게임(The Hunger Games)》 등이 있다.

온라인 도서관

요즘 아이들은 전자기기를 능숙하게 사용하고 컴퓨터나 태블릿을 이용한 공부 방식에 익숙한 편이다. 특히 요즘같이 신종 전염병의 유행으로 비대면 사회가 가속화되고 학교나 도서관처럼 공공장소에서 책을 빌릴 수 없는 상황에서는 언제 어디서든 시간과 장소에 구애받지 않고 책을 읽을 수 있는 온라인 도서관을 많이 이용하게 된다.

온라인 도서관을 이용하면 안전하고 편리할 뿐만 아니라 종이 책이 제공하기 어려운 오디오 기능이나 다양한 독후 활동까지 제공하고 있어 제대로 사용하면 영어 실력 향상에 상당한 효과를 거둘 수 있다. 대표적으로 온라인 도서관 리딩앤에는 영미권 아이들이 즐겨 읽는 영어책 1천 500여 권이 등록되어 있다. 파닉스북에서부터 리더스북, 챕터북, 논픽션과 소설까지 갖추고 있고, 다양한 단계로 구성되어 있어 어떤 레벨에서든 접근이 가능하다. 원어민의 음성으로 책 내용을 직접 들을 수 있고 재미있게 게임하듯 어휘를 익힐 수 있어 디지털에 익숙한 요즘 아이들에게 추천할 만하다.

다만, 이 모든 장점에도 불구하고 태블릿이나 컴퓨터로 책을 읽으면, 종이책으로 읽을 때와 달리 대충 훑어보면서 읽는 습관이 생길 수 있다. 그러므로 온라인 도서관을 이용할 때는 아이의 상황을 주의 깊게 관찰해야 한다. 잘못된 독서 습관이 한번 고착되면 고치기 쉽지 않으므로 이북을 선택할 때는 아이의 성향이나 나이, 독서 습관 같은 점을 신중하게 고려해야 한다.

영어 동요책부터 그림책, 리딩북, 챕터북, 영어 소설까지
읽기 자료는 이미 잘 갖춰져 있다.
아이의 성장 단계, 리딩 레벨에 따라 골라 읽기만 하면 된다.

우리 아이 나이에 맞는
영어책 읽는 법

1~5세

이 시기 가장 집중해야 할 것은 모국어 실력 향상이다. 모국어 실력이 곧 영어 실력이라는 사실은 아무리 강조해도 지나치지 않다. 그래서 어떤 영어 교육 전문가는 이 시기에 1천 권 정도의 한글책을 읽히는 것이 아이가 영어를 잘할 수 있게 만드는 지름길이라고 말하기도 한다. 그만큼 모국어 발달이 중요하다는 뜻이다. 이 시기에 한글책을 많이 읽은 아이는 그렇지 않은 아이에 비해 어휘량도 풍부하고 이해력이나 사고력이 높기 때문에 설령 영어를 늦게 시작하더라도 훨씬 빠르게 습득할 수 있다.

그러나 모국어 실력 향상에 주력한다고 해서 일체의 영어 노출을 제한하거나 금지하라는 뜻은 아니다. 이 시기에도 한글책 읽기와 더불어 영어 소리에 대한 노출은 반드시 있어야 한다. 주변에서 쉽게 볼 수 있는 물건의 이름을 하나씩 가르쳐 주거나 엄마 아빠가 직접 영어 동화책을 읽어 주는 식으로 영어 소리에 노출해 주는 것이 필요하다. 특히 이 시기에는 《마더 구스(Mother Goose)》와 《너스리 라임(Nursery Rhymes)》같은 영어 노래 부르기와 영어로 된 교육용 애니메이션을 함께 시청하는 것이 좋다. 영어 노출 시간은 하루 30분 정도면 적당하다.

아이가 영어를 습득하는 데 있어 가장 중요한 것은 즐거움이다. 즐거운 일은 오래 집중해서 할 수 있다. 그러므로 아이가 어릴수록 영어가 재미있고 자연스러운 놀이라는 사실을 각인시켜 주어야 한다. 아이가 좋아하는 영화나 그림책, 노래로 접근하다가 나중에 차차 자연스럽게 학습으로 옮겨 가는 것이 이상적이다. 모국어 발달과 더불어 영어가 일상에서 즐거운 경험이 될 수 있도록 소리 환경을 마련해 주는 것이 이 시기에 엄마가 해야 할 가장 중요한 역할이다.

6~7세

영어 유치원에 보내서 영어 몰입 환경을 만들어 주는 것도 좋지만 굳이 그렇게 할 필요는 없다. 영어 유치원을 다녔다고 해서 반드시 영어를 잘한다는 보장은 없다. 일반 유치원을 다니더라도 영어 노래 부르기, 영어 영상 보기와 영어책 읽어 주기를 통해 얼마든지 영어 몰입 환경을 만들 수 있다.

재미있는 영어 동화책을 반복해서 읽어 주고 한 문장씩 따라 읽을 때마다 칭찬과 격려를 해 준다. 매일 자기 전 영어 동화책을 한 권 이상 읽어 주면 아이의 독서 습관을 형성하는 데 크게 도움이 된다. 그러나 초등학교 입학 이전까지는 모국어 뿌리를 튼튼하게 만드는 것에 최대한 관심을 가져야 한다. 유아기 때와 마찬가지로 한글책 읽기에 70~80% 정도 비중을 두면서 한글 교육에 집중하되, 앞에서 언급한 다양한 방식으로 영어 소리 노출을 해야 한다.

초등 1~2학년

파닉스 교재와 초기 리더스북을 병행해서 알파벳과 파닉스 규칙을 가르친 다음, 리더스북을 읽으며 책 읽기 실력을 쌓아 간다. 쉽고 재밌는 리더스북을 중심으로 하루 3~5권 정도 읽는다. 그 중에 한 권 정도는 매일 CD를 들으며 집중 듣기와 낭독하기를 진행한다. 영어책 읽기 외에 교육용 애니메이션이나 아동용 영화를 보며 영어 소리 듣기도 실천한다. 이 시기에 영어책 읽기 습관을 잡아야만 챕터북으로 넘어갈 수 있는 실력을 쌓게 된다.

이 단계에서 중요한 것은 아이가 영어책과 사랑에 빠질 만한 '첫 사랑 책'을 찾아 주는 것이다. 아이가 좋아하는 캐릭터나 주인공이 나오는 쉽고 재미있는 책을 찾아 주고, 독서에 대한 적절한 보상을 해 주면 아이는 쉽게 책 읽기의 즐거움에 빠져든다.

초등 3~4학년

챕터북으로 본격적인 영어책 읽기에 몰입한다. 아이가 좋아하고, 또 즐겁게 읽을 수 있는 책이면 어떤 책이든 읽게 하는 것이 좋다. 챕터북을 자유롭게 읽을 단계가 되면 쉬운 문법책을 골라 문법의 기본 규칙도 익히게 한다. 다양한 종류의 책을 최대한 많이 읽고 풍부한 배경지식을 쌓도록 해야 한다. 챕터북을 즐겁게 많이 읽으면 자연스럽게 아동, 청소년 소설도 읽을 수 있게 된다.

초등 5~6학년

뉴베리상을 받은 동화책을 정독하고 영어 읽기 능력을 향상시킨다. 뉴베리상은 미국도서관협회에서 매년 가장 훌륭한 작가에게 수여하는 아동문학상이다. 그러나 군이 전문가 추천 도서나 수상작에 얽매일 필요는 없다. 아무리 훌륭한 작품성을 가진 수상작이라 해도 우리 아이들의 정서나 문화와 맞지 않는 부분도 있기 때문이다.

이 시기에는 TED 강연이나 영어 뉴스 듣기, 영어 잡지 읽기 같은 보다 고차원적인 영어를 경험하게 한다. 초등 4학년까지 적어도 4년 정도 리더스북으로 시작해서 챕터북까지 수천 권의 영어책을 읽은 아이라면 TED 강연 듣기나 CNN 뉴스 듣기, 영어 잡지 읽기도 얼마든지 도전할 수 있다.

초등학생 시기에 영어 실력 향상을 위해 기억해야 할 세 가지 핵심은 자신의 수준(혹은 그보다 좀 더 쉬운)과 흥미에 맞는 영어책 읽기, CD나 DVD 혹은 유튜브 영상으로 영어 소리 듣기, 소리 내어 영어책 낭독하기이다. 이 세 가지만 꾸준히 실천하면 초등학생 시기에 이미 영어의 산맥을 넘어갈 수 있는 저력을 얻게 된다.

'뿌린 대로 거둔다'는 말이 있다. 영어책 읽기에도 그대로 적용되는 진리이다. 초등 저학년 때 하루 3~5권씩 책 읽기에 시간을 투자하면 1년에 1천 권, 3년이면 적어도 2~3천 권 정도의 책을 읽고 고학년에 올라간다.

가장 좋은 것은 초등 1학년 때 1천 권 읽기를 달성하는 것이다. 왜냐하면 영어 리딩 레벨이 올라갈수록 책이 두꺼워지고 페이지당 어휘 수가 증가하기 때문이다. 뿐만 아니라 논픽션이나 소설 읽기로 진입하면 내용이나 어휘가 어려워지고 비판적 사고력과 높은 수준의 이해력을 요구하는 문장이 많아진다. 따라서 초등학교 초반에 가능한 한 많은 양의 독서를 해 두는 것이 모든 면에서 유리하다.

이렇게 영어를 일정 궤도에 올려놓으면 고학년에 올라가서 그만큼 시간을 절약할 수 있게 된다. 그리고 그 시간만큼 다른 과목에 시간을 쓸 수 있기 때문에 전체적인 성적 향상에 도움이 된다. 영어는 일정량 투자해서 수준 이상 끌어올리면 절대 뒤로 돌아가지 않는다. 대신 단기간에 마스터하는 것은 불가능하다. 바로 이런 이유 때문에 초등 저학년 시기에 1년에 1천 권 영어책 읽기를 꼭 실천하도록 권하는 것이다.

영어는 시간과 노력을 들여 한번 일정 수준으로 끌어올리면
절대 뒤로 돌아가지 않는다.
대신 단기간에 이루는 것은 불가능하다.
초등 시기에 1년 1천 권 영어책 읽기를 해야 하는 이유다.

우리 아이 수준에 맞는
영어책 읽는 법

1단계 : 레디 투 리드(Ready-to-Read)

영어책 읽기에서 제일 중요한 것은 사실 듣기이다. 아직 스스로 책을 읽을 수 없는 단계에서는 엄마 아빠가 책을 읽어 줌으로써 영어 소리를 최대한 많이 듣게 해 주어야 한다. 책을 읽어 주는 것만이 아니라 오디오나 비디오를 통해서도 자연스럽게 그리고 자주 영어 소리를 들을 수 있게 해 줘야 한다. 아이가 종종 영화나 애니메이션의 소리를 듣고 영어를 깨치는 것을 보게 된다.

그만큼 듣기의 힘이 크다는 뜻이다. 그러나 모든 아이가 이런 방법으로 영어를 습득할 수 있는 것은 아니다. 대부분의 아이는 책으로 소리와 글자를 동시에 배우는 것이 더 효과적이다. 아직 독립적으로 책 읽기가 가능하지 않은 시기인 만큼 전래 동화나 영어 동요 같은 것을 반복해서 들려주고 글자 수가 적은 책을 읽어주는 것이 좋다.

책을 읽어 줄 때 꼭 기억해야 할 것은 책 읽기를 절대 학습으로 접근해서는 안 된다는 것이다. 중간에 모르는 단어가 나오더라도 아이에게 그 뜻을 묻거나 아이가 책을 제대로 이해하고 있는지 확인하려고 해서는 안 된다. 설령 모르는 단어가 나오더라도 처음부터 사전을 찾기보다 그 단어의 의미를 책에 나와 있는 그림이나 문맥의 흐름을 통해 짐작해 보도록 유도하는 것이 좋다. 이렇게 하면 모르는 단어가 나오더라도 두려움을 느끼지 않고 모호함을 견디면서 책을 읽는 습관과 능력을 기를 수 있다.

아이가 책에 나오는 모든 단어와 모든 문장을 다 이해해야 한다는 강박관념을 버려야 한다. 책의 전체 흐름을 방해하지 않는 한 모르는 단어를 그대로 두고 책을 읽는 습관을 기르는 것이 독서력을 높이는 데는 훨씬 더 도움이 된다.

다양한 책을 많이 읽는 것도 좋지만 같은 책을 여러 번 반복해서 읽는 것도 좋다. 반복해서 읽다 보면 개별 단어를 익히는 능력만 아니라 문장을 만드는 능력도 함께 기를 수 있게 된다.

이 시기에 익혀 두면 좋은 것이 파닉스와 사이트 워드(Sight Words)이다. 사이트 워드란 '한눈에 보고 바로 알아차릴 수 있는 단어', '일견어휘'를 말한다. 대표적인 사이트 워드로는 'a, and, for, he, is, of, that, the, to, was, you, in, it' 등이 있다. 가장 빈도수가 높은 13개의 사이트 워드가 영어 문장의 25%를 차지하고 있고, 최고 빈도 100개의 사이트 워드는 영어 문장의 50%를 차지한다. 다른 말로 하자면, 아이가 이 100개의 단어만 알아도 영어 문장의 절반을 읽을 수 있다는 뜻이다. 100개의 사이트 워드를 익히면 아이 스스로 책 읽기를 하는 데 큰 도움이 될 수 있다.

부모와 함께 영어책 읽기를 꾸준히 해 온 아이의 경우, 사이트 워드를 따로 배우지 않아도 이미 알고 있는 경우가 많다. 반면에 영어책 읽기가 제대로 안 된 아이라면, 이 단어부터 우선적으로 가르치는 것이 좋다. 연세대 영어영문학과 고광윤 교수는 《영어책 읽기의 힘》에서 여러 학자가 제시한 사이트 워드를 정리하고 보완해서 268개의 필수 어휘(사이트 워드)로 정리하기도 했다. 우리 아이 수준에 맞는 사이트 워드 목록을 만들 때 참고하면 좋다.

2단계 : 소리 내어 읽기

영어책을 다독하기 위해서는 다양한 장르의 책을 최대한 많이 접하는 것이 중요하다(수평적 다독). 그리고 이와 아울러 또 한 가지 중요한 것이 단계별로 구성되어 있어야 한다는 점이다(수직적 다독). 그래야만 체계적인 책 읽기가 가능하다.

현재 우리나라에서 가장 널리 이용되고 있는 단계별 책 읽기 교재는 《옥스포드 리딩 트리(Oxford Reading Tree)》이다. 다양한 장르의 책을 단계별로 제공하는 최고의 리딩 교재라 할 수 있다. 책 읽기에 필요한 필수 어휘가 반복적으로 나오고 있기 때문에 어느 정도 리딩 레벨에 오른 아이라도 가능한 한 1단계부터 시작하는 것이 좋다.

리딩 레벨을 정할 때는 아이의 현재 읽기 능력에서도 충분히 재미있게 읽을 수 있는 쉬운 단계를 선택하는 것이 중요하다. 글자가 많은 두꺼운 책보다 얇은 책을 여러 권 읽게 하면 아이에게 성취감과 자신감을 줄 수 있어 더 유리하다.

이 단계에서 제일 중요한 것은 집중 듣기와 낭독하기이다. 파닉스 규칙을 이해하고 어느 정도 혼자 책 읽기가 가능한 수준이 되면 CD를 들으면서 책에 있는 단어를 손가락으로 짚으며 소리 내어 읽게 한다. 이렇게 집중해서 소리와 글자를 맞추며 읽으면 정확한 발음과 억양과 강세를 익힐 수 있고 소리와 문자를 조합할 수 있게 된다. 이런 기본을 잘 지키는 것이 영어를 잘하게 되는 지름길이다.

또 그 날 읽은 책 가운데 한 권을 정하여 CD 음원을 듣고 소리 내어 낭독하는 훈련을 하도록 한다. 이렇게 책을 소리 내어 낭독하면 영어 발음이 정확해질 뿐만 아니라 유창한 말하기 실력도 함께 발전한다. 내용을 이해하면서 읽으면 영어를 의미 단위(chunk)로 끊어 읽을 수 있게 되고, 감정을 담아서 읽다 보면 실제적인 의사소통 능력도 함께 계발된다.

영어책을 낭독하는 것은 단순히 읽기 능력만이 아니라 듣기와 말하기 능력까지 발달시킬 수 있다는 점에서 초기 영어 학습에 가장 좋은 방법이라 할 수 있다. 실제로 일본 토후쿠 대학의 카와시마 류타 교수는 낭독할 때 혈액량이 많아지고 뇌신경 세포의 70% 이상이 반응한다는 사실을 밝혀냈다. 책을 여러 번 반복해서 낭독하는 공부법은 세계적인 고고학자인 하인리히 슐리만이 밝힌 언어 학습법이기도 하다. 그는 15개 국어를 능통하게 말하는 능력을 가지고 있었는데 그 비결이 바로 낭독이라고 말하고 있다.

초등 3학년인 초희는 《프로기(Froggy)》 시리즈를 읽을 때마다 프로기의 부모님을 흉내 내며 프로기를 불렀다. 얼마나 실감이 나는지 모두들 한바탕 웃음보를 터뜨리게 된다. 초등 3학년인 석우 역시 《플라이 가이(Fly Guy)》를 읽을 때마다 침을 튀기며 버즈(Buzz)를 불렀다. 이처럼 감정을 이입해서 큰 소리로 책을 읽으면 발음과 억양이 자연스러워지고 유창성이 계발된다. 집중 듣기와 낭독하기를 지속하면 아이의 영어가 비약적으로 발전한다.

3단계 : 독립적 책 읽기

영어책 읽기 초기에는 CD의 도움을 받는 것이 좋다. 그래야만 정확한 발음과 억양, 강세를 익히면서 소리와 문자를 조합하는 능력을 기를 수 있기 때문이다. 그러나 리딩 수준이 올라가면 CD에 의존하지 않고 책을 읽어야 한다. 모든 책을 일일이 다 CD를 들으며 읽을 수는 없다. 왜냐하면 CD의 빠른 속도가 오히려 독서를 방해할 수 있기 때문이다. 그리고 또 하나, CD 없이 눈으로 읽는 것이 더 편하고 재미있기 때문이다. 그래서 영어 소설을 읽을 수 있는 단계가 되면 더 이상 CD가 아닌 혼자 정독하는 형태로 책을 읽게 된다. 대신에 CD는 차로 이동할 때나 흘러듣기 용도로 계속 활용하는 것이 좋다.

이 시기에는 소리 내어 낭독하는 것도 크게 추천하지 않는다. 왜냐하면 빠른 속도로 책을 이해하면서 읽어야 하는데 소리 내어 읽는 것은 오히려 방해가 될 수 있기 때문이다.

영어책 읽기에서 가장 중요한 것은 사실 듣기이다. 먼저 듣기를 연습하고, 소리 내어 읽기를 연습하고, 마지막으로 소리 내지 않고 묵독을 하는 단계로 나아간다.

영어책 읽기
실전 3단계 노하우

이제 실제로 영어책 읽기를 해 볼 차례이다. 영어책을 읽는 방법은 여러 가지가 있다. 여기서는 엄마나 교사가 아이의 영어책 읽기를 지도하는 '가이디드(guided) 리딩'을 소개한다.

1단계 : 읽기 전 활동(Building Background)

본격적으로 책을 읽기 전에 미리 내용을 알아보는 단계이다. 책

표지에 나온 그림과 제목, 차례를 보며 책의 내용을 추측해 본다. 그리고 작가나 스토리가 펼쳐지는 시간과 공간, 역사적 배경에 대해서도 사전에 알아본다.

가령 《비스킷(Biscuit)》 시리즈를 읽는다고 하자. 비스킷은 작고 귀여운 애완견 이름이다. 그러면 아이에게 어떤 애완동물을 갖고 싶은지, 만약 개를 애완동물로 가지고 싶다면 어떤 종류의 개를 가지고 싶은지, 이유가 무엇인지를 질문한다.

《플라이 가이(Fly Guy)》 시리즈에서는 버즈라는 소년이 파리 한 마리를 잡아서 애완동물로 기른다. 버즈의 부모님은 파리는 해충일 뿐, 절대 애완동물이 될 수 없다고 고집한다. 따라서 《플라이 가이》를 읽기 전, 애완동물(pet)과 해충(pest)의 차이점을 먼저 찾아본다.

《헨리와 머지의 텀블링 여행(Henry and Mudge and the Tumbling Trip)》은 주인공 헨리의 가족이 여름휴가를 맞아 서부로 여행을 떠나는 내용을 담고 있다. 본격적으로 책의 내용을 살피기 전에 아이가 경험한 가족 여행에 대해 이야기해 본다. 그리고 미국의 지형과 동부와 서부의 기후적인 특성과 차이점을 살펴본다.

《아더의 첫 슬립오버(Arthur's First Sleepover)》를 읽기 전에는 친구들과 슬립오버를 하면서 주로 어떤 활동을 하는지, 그리고 기억에 남는 슬립오버는 언제였는지 등 슬립오버에 대한 아이의 경험을 이야기하는 시간을 가진다.

본격적인 책 읽기에 들어가기 전에 또 한 가지 고려해야 할 것이 있는데, 모르는 단어를 어떻게 처리할 것인가 하는 문제다. 모르는 단어가 나올 때 무조건 사전부터 찾는 습관은 바람직하지 않다. 처음에는 가능한 한 사전을 찾지 말고 전체 문맥을 읽어 보고 충분히 그 단어의 의미를 유추해 보는 것이 좋다. 하지만 반복되어 나오는 중요한 단어의 의미를 모르면 책을 계속 읽어 가기가 어렵다. 특히 우리나라 같은 EFL 환경에서는 책에서 유추한 단어를 실생활에서 다시 접하기가 쉽지 않다. 따라서 책에 나오는 중요 단어를 미리 공부해 두면 책을 읽을 때 중간에 걸리는 것이 없기 때문에 훨씬 쉽게 읽을 수 있다.

책에서 반복적으로 등장하는 중요한 단어는 문맥 속에서 그 뜻을 파악한 후, 노트에 적어 따로 암기하는 습관을 가지는 것이 좋다. 단, 단어의 뜻을 찾을 때는 가능한 한 영영사전을 이용하는 것이 좋다. 책 읽기는 결국 어휘 실력에 의해 좌우된다 해도 과언이 아니다. 따라서 책에서 만난 어휘를 체계적으로 관리하고 암기하는 것이 중요하다.

2단계 : 본 독서(While Reading Activity)

따라 읽기 : 가이디드 리딩을 할 경우, 한 권의 책을 CD로 3번 정도 듣게 한다. 그리고 나서 처음 1회독을 할 때는 CD를 틀어 놓고 처음부터 끝까지 전체 스토리를 들려준다. 개별적인 단어보다 전체 이야기의 흐름을 의식하며 읽도록 해야 한다. 이 단계에서 중요한 것은 읽기에 집중하는 것이다. 영어책 읽기 초기에는 손가락으로 단어를 짚어 가며 읽는 핑거 포인트 리딩법이 도움이 될 수 있다. 그러면 그냥 눈으로 읽을 때보다 훨씬 집중력이 높아진다. 2회독을 할 때는 CD를 들려주고 한 절씩 따라 읽게 한다. 귀로 들으면서 눈으로 읽는다. 3회독을 할 때는 한 페이지씩 CD로 따라 읽기를 반복한다.

소리 내어 읽기 : 독립적인 책 읽기가 시작되면 책을 소리 내어 읽게 해야 한다. 아이에게 책 읽기로 영어를 가르치면서 늘 강조하는 것이 있다. 영어를 배우는 것은 피아노를 배우는 것과 같다는 점이다. 피아노를 잘 치기 위해서는 곡을 귀로만 듣거나 악보를 눈으로만 보아서는 안 된다. 매일 반복해서 눈과 귀와 손이 하나로 움직이는 훈련을 해야만 제대로 된 피아노 실력을 갖추게 된

다. 영어도 마찬가지다. 유창하게 말하는 수준이 되려면 매일 시간과 에너지를 투자해서 입으로 말하는 훈련을 해야 한다. 읽고 있는 책을 소리 내어 읽는 과정에서 발음도 정확해지고 말하는 속도도 빨라지고 자연스러운 억양도 갖추게 된다. 눈과 귀와 머리와 입이 온전히 하나가 되어 영어의 회로가 열리게 된다.

자신의 리딩 레벨에 맞는 책을 선택해 반복 낭독하는 훈련은 말하기 훈련에 큰 도움이 된다. 자신이 배운 것을 소리 내어 읽고 조음 구조를 이해하며 발성하게 될 때 비로소 유창한 말하기를 위한 훌륭한 준비 단계에 들어서게 된다.

3단계 : 창의적 독후 활동(Post-Telling Activity)

사실 아이들이 제일 싫어하는 것이 독후 활동이다. 그냥 읽는 것으로 끝내고 싶어 한다. 그러나 단순히 책을 읽는 것만으로는 부족하다. 독후 활동에서 가장 중요한 것은 자신의 느낌과 생각을 제대로 표현하는 법을 배우는 것이다. 우리가 책을 읽는 최종 목적은 결국 아웃풋, 즉 자신의 생각을 말과 글로 표현하는 것이다. 표현할 수 없는 영어는 사실상 죽은 영어다. 아무리 많은 책을 읽고, 아무리 좋은 것을 깨닫고, 또 아무리 많은 단어를 알고 있다 해도, 자신의 생각을 말이나 글로 표현할 수 없다면 영어를 배우는 의미가 없다.

책을 읽고 표현력을 기르기 위해서는 우선 책의 주제와 관련된 내용으로 대화를 나누도록 한다. 책 내용 가운데 가장 인상 깊었던 장면이나 가장 감동적인 장면을 택한 다음, 그 이유를 설명하고 서로의 생각을 나누는 것이다. 책에 등장하는 주인공이 누구인지, 언제 어디서 무슨 일이 왜 일어났는지, 주인공에게 어떤 문제가 있었으며 그것을 어떻게 해결했는지, 책의 주제가 무엇인지에 대해 육하원칙에 따라 이야기를 나눈다. 그리고 좀 더 수준이 있는 아이라면, 주제와 관련해서 영어로 토론할 수도 있다. 이렇게 대화와 토론을 하다 보면 자신의 생각을 정리해서 표현하는 능력을 갖추게 된다.

이와 아울러 다른 사람의 생각을 이해하고 자신과 다른 생각을 가진 사람을 존중하고 수용하는 능력도 배우게 된다. 책을 읽고 혼자 생각하고 말면 나 한 사람으로 끝나지만, 그것을 다른 사람과 나누면 더 풍성한 열매로 자신에게 돌아온다.

영어 표현력을 기르기 위해서는 말하기와 더불어 글쓰기도 지도해야 한다. 영어책 읽기 초기에는 단어 쓰기부터 시작한다. 그

다음에는 현재 읽고 있는 책의 문장을 따라 쓰게 한다. 초기 단계에서는 보통 한 페이지에 한 문장 정도, 그것도 아주 기본적인 문장으로 되어 있어서 따라 쓰기에 무리가 없다. 노트에 따라 쓰기를 할 때도 그냥 손으로 쓰는 것이 아니라 반드시 문장을 소리 내면서 따라 쓰게 해야 한다. 그래야만 소리와 글자를 일치시키는 능력이 발전하고 스펠링도 정확하게 암기할 수 있기 때문이다.

그러다가 어느 정도 수준에 이르면, 짧게라도 글을 써 보도록 유도한다. 책에서 가장 기억에 남는 장면이나 인상적인 장면을 묘사하게 하거나, 주인공에게 편지를 써 본다거나, 다른 결말을 상상해서 써 보게 하는 것이다. 가령 예를 들면, 《개구리 왕자 그 뒷 이야기(The Frog Prince Continued)》는 개구리 왕자의 불행한 삶에 대해 이야기하고 있다. 기존의 상식이나 고정관념을 뒤엎는 결말이 매우 기발하고 흥미롭다. 어른과 달리 아이에게는 상상력과 창의력이 있기 때문에 이런 활동도 상당히 도움이 될 수 있다.

책의 핵심 문장 10개 정도를 찾아내어 스토리를 재구성해 보는 것도 아주 좋은 글쓰기 훈련 방법이다. 아이가 읽는 책은 대부분 이야기이기 때문에 서론, 본론, 절정, 결론으로 구성되어 있다. 각 부분에 어떤 일이 있었는지 차례로 살펴본 다음, 각 부분의 핵심 문장을 뽑아 내어 이야기를 재구성해 보게 한다.

자신이 읽은 책 내용을 바탕으로 자그마한 미니북을 만들어 볼 수도 있다. 이야기의 주요 장면들을 연결해서 직접 작은 책으로 만들면 책 내용을 더 오래 기억할 수 있고 성취감도 느낀다. 기억에 남는 장면을 그림으로 그릴 수도 있고 마인드맵으로 정리할 수도 있다.

내가 독후 활동으로 가장 권장하는 것은 유튜브 영상 촬영이다. 아이가 유튜브의 주인공이 되는 것이다. 자신만의 느낌을 살려 동화책을 다시 읽을 수도 있고, 책 이야기를 요약해서 짧게라도 영어로 말하기를 할 수도 있다. 이런 독후 활동을 통해 아이는 머릿속의 영어가 아니라 입으로 표현하는 영어를 경험할 수 있다.

아이의 책 읽기에서 가장 중요하게 생각해야 할 것은 실질적인 영어 활용 능력이다. 다른 말로 하자면 아웃풋이다. 읽기라는 행위는 인풋의 한 수단이다. 하지만 인풋 자체가 목적이 아니다. 인풋은 어디까지나 아웃풋을 위한 수단일 뿐이다.

그러므로 책을 읽고 CD를 듣는 '읽기와 듣기'라는 인풋을 할 때도 항상 '말하기와 쓰기'라는 아웃풋을 염두에 두어야 한다. 그래야 더 효율적으로 영어라는 언어를 익힐 수 있고, 아이 역시 아웃풋을 통해 영어에 대한 자신감과 즐거움을 경험할 수 있다. 아웃풋이 없는 인풋은 의미가 없고, 사실상 그것은 죽은 영어라고 말할 수밖에 없다.

영어책 읽기는 어디까지나 인풋의 한 수단이다.
하지만 아웃풋이 없는 인풋은 의미가 없고,
사실상 그것은 죽은 영어라고 말할 수밖에 없다.

영어책 읽기에서
듣기와 말하기로

'영어책'으로 듣기

언어를 배울 때 가장 기본적인 것은 사실상 듣기다. 듣기 실력을 향상시키기 위해서는 영어 소리를 많이 들어야 한다. 특히 영어책 읽기 초기 단계에서는 눈으로만 책을 읽기보다 반드시 CD를 들려주는 것이 매우 중요하다. 그리고 같은 책 내용을 수시로 다시 들려주는 것도 좋다. 이미 배워서 알고 있는 내용을 반복해서 들려주면 아이는 그 내용을 암기하는 단계까지 가고, 그 과정에서 영어 문장을 만드는 능력이 길러진다. 즉, 자신이 이해하고 있는 내용 혹은 이해 가능한 내용을 반복적으로 듣는 것이 전혀 이해할 수 없는 새로운 내용을 듣는 것보다 듣기 실력을 기르는 데 훨씬 효과적이라는 말이다.

하지만 그렇다고 해서 매번 자신이 학습한 내용, 자신이 이해할 수 있는 내용으로만 듣기를 해야 하는 것은 아니다. 아이의 리딩 레벨에 맞는 다양한 책을 골라 관련 영상이나 듣기 자료를 계속 접하게 해 주어야 한다. 이때 가장 손쉽게 할 수 있는 방법이 영상 매체를 활용하는 것이다. 아동문학계에서 노벨상으로 불리는 칼 데콧상, 뉴베리상, 케이트 그린 어웨이상 등을 수상한 그림책 중에는 애니메이션으로 만들어진 책이 많다. 유튜브에서 책 이름만 검색하면 웬만한 그림책의 영어 영상을 찾을 수 있다. 단순히 책을 읽어 주는 것이 아니라 애니메이션으로 만든 것도 많다. 아이에게 그냥 그림책만 읽어 주는 것보다 이런 영상을 함께 보여 주면 더 효과적으로 영어를 배울 수 있다. 좋은 영상일수록 반복해서 보여 주는 것이 좋다. 이미 읽은 내용이기 때문에 영상에 나오는 영어를 거의 다 알아듣게 된다.

추천할 만한 유튜브 채널에는 스토리라인온라인(StorylineOnline), 키드타임스토리타임(KidTimeStoryTime), 스토리타임 나우!(Storytime

Now!), 더 스토리타임 패밀리(The StoryTime Family) 등이 있다. 영어 동요를 가르쳐 주는 코코멜론(Cocomelon - Nursery Rhymes)도 추천할 만하다. 페파 피그(Peppa Pig - Official Channel), 디즈니 주니어(Disney Junior), PBS 키즈(PBS KIDS), 내셔널 지오그래픽 키즈(National Geographic Kids)도 듣기 실력을 향상시키기에 좋은 영어 교육 유튜브 채널이다.

아이들이 좋아하는 디즈니 애니메이션도 영어 그림책 동영상과 함께 활용할 수 있는 훌륭한 듣기 교재이다. 〈쿵푸 팬더(Kung Fu Panda)〉, 〈겨울 왕국(Frozen)〉, 〈라푼젤(Tangled)〉, 〈슈렉(Shrek)〉, 〈니모를 찾아서(Finding Nemo)〉 같은 애니메이션을 반복해서 시청한 후 원서 대본을 읽게 한다. 그리고 영화의 음원을 스마트폰에 담아 수시로 듣는다. 미국에서 생활할 때 한국말을 잘하는 사람을 간혹 만날 수 있었다. 우리나라에서 산 경험이 전혀 없는데도 한국말을 잘하는 그들이 내 눈에는 정말 신기하게 보였다. 그래서 그 비결을 물어보면 대부분 한국 드라마를 즐겨 보았다고 대답했다.

초등 2학년인 태우도 외국 한 번 나갔다 온 적이 없는데도 영어를 유창하게 구사한다. 이 아이는 영어책 읽기와 함께 늘 영어로 된 교육용 유튜브 채널을 즐겨 시청하고 있다. 자신이 좋아하는 과학 분야의 다큐멘터리 영어 채널을 두루 섭렵하다 보니 자신도 모르게 귀가 뚫리고 입이 열렸다고 한다. '듣기와 읽기'로 많은 인 풋을 하면 자연스럽게 아웃풋이 이루어진다는 것을 보여 주는 좋 은 사례다.

이밖에 영어 라디오 프로그램도 듣기 실력 향상에 크게 도움이 된다. 특히 요즘에는 팟캐스트를 통해 양질의 영어 방송을 언제 어디서나 들을 수 있다. 영어 귀를 뚫기 위해서는 매일 지속적인 듣기 인풋을 해야 한다. 바위를 뚫는 것은 한바탕 쏟아지는 폭우 가 아니라 한시도 쉬지 않고 매순간 떨어지는 지극히 작은 물방울 하나의 힘이다.

'영어책'으로 말하기

그렇다면 말하기 실력은 어떻게 향상시킬 것인가? 말하기는 충 분한 인풋이 있은 후에라야 가능하다. 수준에 맞는 재미있는 책을 많이 읽어서 인풋이 많아지면 말하기 능력은 충분히 성장할 수 있 다. 그러므로 조급한 마음을 버려야 한다.

책 읽기를 통해 말하기 능력을 기르려면 영어책을 낭독하는 훈 련이 중요하다. 처음에는 오디오 CD를 들으며 책을 처음부터 끝까지 리듬과 발음, 억양에 주의하면서 두세 번 반복해 듣는다. 귀로는 듣고 눈으로는 따라 가며 읽는다. 두세 번 읽고 어느 정도 내용이 파악되면 그때부터는 입으로 따라 읽는다. 최대한 CD에 나오는 원어민처럼 따라 읽도록 노력한다. 발음, 억양, 속도만이 아니라 감정까지 살려 따라 읽는다. 오디오 음원을 따라 읽어 가다 보면 자기도 모르게 말하기 실력이 향상된다. 조음 구조도 한국어에서 영어로 바뀌게 된다.

《엄마표 영어 17년 보고서》에서 남수진 저자는 "영어 문장을 소리 내어 읽고(낭독), 녹음하고, 녹음한 영어 소리를 반복해서 들어 볼 것"을 권하고 있다. 이것이 바로 자신의 두 아이들이 미국이나 중국 땅 한 번 안 밟고도 영어와 중국어를 원어민처럼 유창하게 말할 수 있게 해 준 비밀 병기라고 밝히고 있다.

이렇게 소리 내어 책을 읽는 낭독 훈련을 진행하다 보면, 아이의 발음이나 말하기 실력이 좋아지는 것을 느끼게 되고 아이 스스로도 원어민과 말하고 싶은 의욕을 가지게 된다. 바로 이때부터 원어민이 진행하는 화상 수업을 시작하는 것이 좋다. 원어민과 직접 만나는 수업은 영어 인풋이 충분치 않은 상태에서는 효율적이지 않다. 시간이나 비용을 고려하면 온라인 화상 수업이 가장 좋은 방법이다. 일주일에 3회 정도 꾸준히 화상 수업을 하면 책 읽기를 통해 인풋된 영어를 활용할 수 있고 말하기에 자신감을 가질 수도 있다.

책 읽기를 통해 말하기 실력을 향상시킬 수 있는 또 하나의 좋은 방법으로는 자신이 읽은 책의 한 장면을 뽑아 설명하는 것이다. 책의 핵심 부분을 연결해서 줄거리를 말해 보는 것이다. 책뿐만 아니라 영자 신문이나 명연설문, TED 강연 등을 요약해서 한 문단씩 반복해서 낭독하다 보면 나중에는 전체 내용을 암기할 수 있게 된다. 특히 아이들은 자기가 가장 좋아하는 책을 다른 사람 앞에서 소개하는 시간을 매우 좋아한다. 이런 시간을 자주 가지다 보면 다른 사람 앞에서 말하는 것에 대해 점점 자신감을 갖게 되고 영어로 말하는 것을 즐기게 된다.

영어책 읽기라고 하면 읽기만 하는 줄 안다.
하지만 독서는 듣기와 말하기 활동이 포함되어 있다.
따라서 책 읽기는 언어를 익히는 가장 효과적인 방법이다.

다독에서 정독으로,
정독에서 다독으로

영어책이든 한글책이든 책 읽기에 있어 '정독이냐, 다독이냐'는 항상 논란의 중심이 되고 있다. 그러나 이 논란은 사실 큰 의미가 없다. 내가 보기에는 닭이 먼저냐 알이 먼저냐는 문제로밖에 보이지 않는다. 어떤 사람은 다독의 폐해를 강조하면서 정독할 것을 권한다. 물론 아이의 성향에 따라 많은 양의 책을 읽는 것보다 적은 양이라도 반복적으로 정독할 경우 실력이 더 향상되는 경우도 있다. 그러나 모든 책을 정독으로 할 경우, 자칫 책 읽기에 지루함을 느낄 수 있고 빠르게 지문을 읽고 이해하는 능력이 떨어질 수

도 있다.

책 읽기는 다독도 중요하고 정독도 중요하다. 특히 영어책 읽기는 우선 다독을 거치는 것이 필요하다. 쉽고 재미있는 영어책을 많이 읽어야만 어휘량이 늘어나고 영어에 대한 자신감도 갖게 된다. 그렇다고 다독에만 치중하면 문제가 발생한다. 책 읽기 자체는 즐기게 되겠지만 책 내용을 깊게 생각하지 않고 읽게 될 수 있기 때문이다. 많은 양의 책을 읽고도 영어 실력이 향상되지 않는다면 바로 이런 나쁜 습관 때문이다.

《공부 머리 독서법》에서 최승필 선생님은 초등학교 때 우등생이었던 아이가 중학교에 들어가면서 평범한 아이로 떨어지는 원인으로 '중등 교과서를 읽고 이해하는 능력이 떨어지기 때문'이라고 말하고 있다. 상급 학교에서의 실력은 결국 그 아이가 가진 언어 능력에 의해 결정된다. 여기서 말하는 언어 능력이란 글을 읽고 이해하는 읽기 능력과 이치에 맞게 생각하는 사고력을 합한 개념이다. 아무리 많은 책을 읽더라도 그 책에 대해 충분히 생각하고 내용을 깊이 파고들지 않으면 책 읽기가 주는 효과를 제대로 누릴 수 없다는 뜻이다.

그렇기 때문에 책을 통해 영어 실력을 향상시키려면 다독과 함께 정독할 수 있도록 지도해야 한다. 많이 읽되, 그와 동시에 깊이 읽을 수 있도록 양과 질이 함께 가야만 진정한 실력자가 될 수 있다.

다독에서 정독으로

그렇다면 어떻게 해야 다독의 단점을 해결할 수 있을까?《생각머리 영어 독서법》에서 최근주 선생님은 '시리즈 반복 듣기'를 그 대안으로 제시하고 있다. 아이가 좋아하는 영어책 시리즈 중에서 한 권을 골라 일주일 동안 매일 세 번 듣고 두 번 따라 읽게 하는 것이다.

반복 듣기는 내가 아이들에게 사용하는 방법이기도 하다. 반복 듣기에 사용하는 책은 아이의 리딩 레벨보다 쉬운 책이어야 한다. 그래야 내용을 정확히 이해하고 유창하게 따라 말할 수 있기 때문이다. 이 과정을 반복하면 아이는 자연스럽게 책 한 권을 외우는 단계에까지 나가게 된다. 2학년 도윤이는 반복 듣기 방식으로 30페이지가 넘는 책을 통째로 암기해 버린다. 영어책을 너무 좋아하고 자꾸 반복해서 듣고 읽다 보니 아예 책 한 권을 다 외우는 단계까지 나간 것이다.

반복 듣기 과정에서 아이는 시리즈 내에서 반복적으로 사용되는 단어와 표현법을 배우게 된다. 그리고 모르는 단어도 유추할 수 있는 능력을 가지게 된다. 《캐슬 어드벤처(Castle Adventure)》를 읽던 준수가 'nasty'의 뜻을 물었다. 나는 사전을 찾지 말고 이야기를 처음부터 끝까지 3번 들어본 다음 그 단어가 어떤 의미인지를 한번 유추해 보라고 했다. 마녀의 특징을 설명하기 위해 사용된 그 단어는 '심술궂은, 고약한'의 의미를 가지고 있다. 반복 듣기를 한 후에 준수는 단어의 의미를 정확하게 알아냈다. 만약 내가 nasty의 단어 뜻을 물어 올 때 즉각 답을 주었더라면 아이 마음에 새겨지지 않았을 것이다. 그러나 책 읽기를 통해 전체 문맥 속에서 스스로 습득한 단어는 평생 자산으로 남는다.

반복 듣기로 책을 정독하는 것의 또 다른 이점은 영어의 유창성이 발달한다는 것이다. 반복해서 듣고 따라 하다 보면 영어에서 중요한 연음이나 강세, 발음이 정확해지고, 영어 문장을 의미 단위(chunk)로 끊어 읽고 말하는 능력이 길러진다.

정독에서 다독으로

이혜선 선생님도 《우리 아이 첫 영어 저는 코칭합니다》에서 "뼈

대가 없는 다독은 결국 모래성과 같아서 어느 순간 무너질 수밖에 없다. 많은 시간 흘려듣기와 집중 듣기를 하기보다 이미 학습한 것과 이해 가능한 것을 집중적으로 듣고 따라 해야 한다. 잘 모르는 것은 잘 들리지 않는다. 이해 가능하지 못한 것을 흘려듣는 것은 아이에게 소음일 수 있다. 모르는 문장과 단어가 어느 순간 들리게 하기 위해서는 많은 시간이 소요된다. EFL 환경에서는 무작정 많이 듣는 것이 효율적인 방법은 아니다"라고 말하고 있다.

다독을 통해 책 읽는 즐거움과 습관이 잡힌 아이는 시리즈 반복 듣기를 통해 정독 훈련을 하는 것이 좋다. 그러나 정독은 어디까지나 더 많은 책을 읽기 위한 준비 과정일 뿐이다. 이것을 바탕으로 더 많은 책을 더 즐겁게 읽을 수 있게 하는 디딤돌로 생각해야 한다. 정독하는 책은 아이의 수준에 따라 1주일이나 2주일에 한 권 정도면 충분하다.

책 읽기는 정독도 중요하고 다독도 중요하다.
그렇더라도 정독은 어디까지나 다독을 위한 준비 과정일 뿐이다.
아이가 더 많이, 더 즐겁게 읽는 것에 집중하라.

5장

영어 실력을 넘어
공부 자신감을 키우는 법

칭찬은 아이의 뇌를
춤추게 한다

———

　대부분의 아이들은 자신이 영어를 못한다고 생각한다. 이런 아이들에게 가장 필요한 것은 칭찬과 격려이다. 사탕발림의 가짜 칭찬이 아니라 진정성 있는 칭찬을 해 주면 아이들은 자신이 정말 그런 존재라고 받아들인다. 그리고 칭찬에 부응하고자 더 노력하는 모습을 보인다.

　교육 심리학 이론 중에 피그말리온 효과라는 것이 있다. 교사의 기대에 따라 학습자의 성적이 향상되는 현상을 의미한다. 피그말리온 효과를 아주 잘 보여 주는 한 가지 예가 있다. 영국의 한 학교에서 아이들을 성적순으로 나눈 다음 1등급 학생에게는 열등생이라 말하고 4등급 학생에게는 우등생이라고 말해 주었다. 그랬더니 실제로 1등급은 열등생, 4등급은 우등생으로 바뀌었다. 우리가 아이들에게 보내는 칭찬과 기대가 얼마나 강한 힘을 가지고 있는지를 보여 주는 분명한 예라고 할 수 있다.

일단 칭찬부터 하라

영어를 잘하는 아이로 키우려면 아이의 자존감을 키워 주는 칭찬과 격려의 말을 해야 한다. 평소에 칭찬과 인정을 많이 받고 자존감이 높은 아이는 어려움이 찾아와도 그것을 극복해 낼 내적인 힘을 가지고 있다. 그에 반해 부모로부터 충분한 사랑을 받지 못하고 칭찬과 인정을 받지 못한 아이는 열등감에 시달리고 매사에 소극적인 태도를 취한다. 공부에도 의욕이 없고 실력도 향상되지 않는다.

요즘 초등학생 중에는 엄마가 이 지구에서 사라졌으면 좋겠다고 말하는 아이가 많다고 한다. 심지어 어떤 아이는 경찰서에 찾아가 엄마를 정서 학대죄로 신고까지 했다고 한다. 엄마는 대부분

자식이 잘되기를 바라는 마음으로 잔소리를 하고 혼도 내지만, 언어가 부정적이고 거기에 분노 감정까지 실리면 엄마의 진심이 전달되지 않는다. 오히려 아이는 마음의 문을 닫고 엄마의 의도와 다른 방향으로 나갈 가능성이 높다. 비난과 잔소리는 사람을 전혀 변화시키지 못하지만 칭찬과 격려는 사람을 변화시키는 놀라운 힘을 가지고 있다.

나는 아이들이 작은 성취를 해 낼 때마다 "어떻게 이 어려운 걸 해냈어? 정말 대단하다!"라는 칭찬을 아끼지 않는다. 책을 읽고 글 이면에 숨어 있는 작가의 의도를 알아낼 때, "어떻게 그런 생각을 다 했어? 이걸 알아낸 사람은 아마 너밖에 없을 거야" 하면서 칭찬해 준다. 가족 여행 중에도 과제를 해내는 아이가 있으면, "어쩌면 너는 여행하면서도 과제를 할 생각을 다 했니? 정말 대단하다"라며 성실함과 꾸준함을 칭찬한다. 파닉스를 처음 배우는 아이가 파닉스 규칙을 이해하고 그 단어의 발음을 읽어 낼 때, 세상을 다 얻은 것처럼 기뻐하며 칭찬한다.

반드시 무엇인가를 해냈을 때만 아니라 아이가 일상에서 보이는 작은 노력 하나, 성장을 향해 매일 꾸준히 노력하는 과정이 모두 나에게는 칭찬의 재료가 된다. 그리고 현재 노력하는 것만이 아니라 앞으로 멋지게 변해 갈 미래의 모습까지 내다보며 소망의

말, 축복의 말을 아낌없이 해 준다. 왜냐하면 사람의 말에는 엄청난 힘과 생명이 들어 있기 때문이다. 그러면 아이들은 나의 칭찬과 기대를 진심으로 받아들이고 더 발전하려고 노력한다. 내가 가르치는 아이들은 나의 칭찬 한마디를 귀하게 여긴다. 심지어 어떤 아이는 오늘 내가 몇 번 칭찬해 주었는지를 헤아렸다가 엄마에게 자랑하기도 한다.

아이가 듣고 싶은 말을 하라

어른인 나도 칭찬의 힘이 얼마나 큰 지를 매일 느끼고 있다. 나는 건강을 위해 웨이트 트레이닝을 배운다. 처음 운동을 시작했을 때 모든 것이 어색했다. 동작 하나에 기억해야 할 규칙이 왜 그리도 많은지 트레이너의 가르침과 내 몸은 늘 따로 움직였다. 지독히도 운동 감각이 없는 사람처럼 느껴졌다. 그런데 트레이너는 그런 나를 향해 질책하지 않았다. 오히려 그 나이에 이 정도 하는 것만도 대단하다며 칭찬을 아끼지 않았다. 고쳐야 할 동작이 있으면 내가 부끄러움을 느끼지 않도록 존중하는 마음으로 교정해 주었다. 비난이 아니라 칭찬을 듣다 보니 점점 더 자신감이 생겼다. 그리고 더 잘하고 싶은 의욕이 생겼다. 트레이너의 작은 칭찬으로 나에게는 그 시간이 힘든 시간이 아니라 기다려지는 시간이 되었다.

　나는 아이들을 대할 때마다 트레이너 앞에 서 있는 내 모습을 떠올린다. 내가 새로운 운동을 배우면서 트레이너에게 듣고 싶었던 말이 무엇일까를 생각해 본다. 전문가인 트레이너가 보기에 모든 것이 어설프고 부족한데도 나의 작은 노력을 인정해 주고 꾸준히 운동하는 모습을 대단하다며 칭찬해 줄 때, 더 열심히 하고 더 잘하고 싶다는 마음이 들었다. 아이들도 나에게 칭찬과 격려, 인정의 말을 기대하고 있다. 내가 하고 싶은 말이 아니라 아이가 듣고 싶은 말, 아이가 듣기를 기대하는 말을 해 주어야겠다고 다짐한다. 칭찬은 고래만 춤추게 하는 것이 아니다. 우리 아이들의 마음과 뇌도 춤추게 만든다. 그만큼 아이들에게 칭찬은 절대적으로 중요하다.

　내가 하고 싶은 말이 아니라 아이가 듣고 싶은 말을 해 줘야 한다.
　칭찬은 고래만 춤추게 하는 것이 아니다.
　아이의 마음과 뇌도 춤추게 만든다.

꿈이 있는 아이가
영어도 잘한다

분명한 목표 의식이 있는 사람은 그 목표를 이룰 가능성이 크다. 영어도 잘하려면 분명한 목표 의식이 있어야 한다. 그런데 요즘 아이들에게 꿈이 뭐냐고 물어보면 유튜버, 콘텐츠 크리에이터, 프로 게이머 정도가 전부다. 스마트폰 시대에 태어나 스마트폰과 더불어 자라는 아이들이라 어쩌면 당연할 수도 있지만, 그럼에도 불구하고 영어를 잘하기 위해서는 자신의 꿈에 대해 생각하고, 그 꿈을 이루는 데 영어가 어떤 역할을 하는지에 대해 생각해 보는 것이 중요하다.

무슨 일을 하든 목표가 있는 사람과 없는 사람은 큰 차이가 있기 마련이다. 아이들은 아직 어리기 때문에 영어가 왜 그렇게 중요한지, 앞으로 자신의 삶을 위해 영어가 왜 필요한지 잘 알지 못한다. 그저 엄마가 하라고 하니까, 친구들이 하니까, 영문도 모른 채 영어의 바다에 떠밀려 갈 뿐이다. 그러다 보니 영어는 늘 무거운 짐처럼 느껴진다. 따라서 아이에게 무조건 영어 공부 열심히 하라고 말하기보다 아이의 꿈을 이루는 데 영어가 얼마나 중요한지를 말해 줄 수 있어야 한다.

현수는 영어에 심한 반감을 가진 아이였다. 부모가 심어 준 영어에 대한 압박감 때문에 "영어가 세상에서 제일 싫다"는 말을 입버릇처럼 달고 살았다. 초등 2학년인 현수에게 꿈이 무엇이냐고 물었다. 놀랍게도 꿈이 사업가라고 했다. 돈을 많이 벌어서 호주 바닷가에 있는 아름다운 별장을 엄마에게 사 주고 싶다고 했다. 나는 켈리 최 회장의 이야기를 들려주었다.

능통한 영어 실력으로 유럽 전역을 누비며 거대한 초밥 체인점을 운영하고 있는 켈리 최 회장의 이야기는 어린 현수의 가슴을 뛰게 하였다. 그때 이후로 영어를 대하는 현수의 눈빛이 달라지는 것을 느낄 수 있었다. 사업을 하고 돈을 버는 데 있어 영어가 얼마나 중요한 역할을 하는지를 알게 된 후로 그렇게 입버릇처럼 내뱉던 "영어가 너무 싫어요"라는 말은 더 이상 들을 수 없었다. 꿈과 영어의 연결점을 찾은 것이다.

컴퓨터 프로그래머를 꿈꾸는 지우 역시 이제 곧 AI가 등장하면 영어 통역을 대신해 줄 텐데 왜 굳이 영어를 배워야 하냐며 영어 공부에 심한 반감을 드러내는 아이였다. 그런 지우에게 나는 알리바바의 마윈 회장 이야기를 들려주었다. 그리고 유튜브에서 그의 유창한 영어 실력이 담긴 영상들을 보여 주었다. 마윈 회장이 자유롭게 영어를 구사하며 세계 무대를 누비는 모습을 보자 지우는 큰 충격을 받았다. 컴퓨터 프로그래머로 일을 하되 한국이라는 좁은 시장을 상대로 일하는 사람과 전 세계 70억 인구를 상대로 일하는 사람의 차이점을 알자 지우 역시 영어를 대하는 태도가 완전히 변했다.

축구 선수가 꿈인 광민이에게 손흥민 선수는 우상 같은 존재였다. 광민이에게 손흥민 선수의 영어 인터뷰 장면을 보여 주며 광민이도 언젠가 이런 멋진 영어 인터뷰를 할 날이 올 것이라는 희망을 심어 주었다. 그러자 광민이는 하루에도 몇 번씩 손흥민 선수의 영어 인터뷰 장면을 쳐다보며 누구보다 열심히 영어 공부에 집중하고 있다.

혜인이는 어려서부터 책 읽기를 즐기는 아이였다. 글쓰기를 좋아하는 엄마를 닮아 글 쓰는 실력도 상당했다. 그런 혜인에게 나는 한 가지 도전 과제를 제시했다. 자신이 좋아하는 《해리포터》를 영어 원서로 읽고 그 책의 저자인 조앤 롤링에게 편지를 써서 답장을 받아 보는 것이었다. 혜인이는 나의 제안에 흔쾌히 동의했다. 분명한 꿈과 내적 동기를 가진 혜인이는 지금 누구보다 성실하게 영어책 읽기와 글쓰기를 해 가고 있다.

〈SBS 영재 발굴단〉이라는 프로그램에 영어 영재로 소개된 기범이의 경우, 우리나라 역사에 깊은 관심을 가진 아이였다. 외국인이 우리나라 역사를 잘 모른다는 사실을 알게 된 기범이는 영어로 우리나라 역사를 소개하고 싶다는 꿈을 가지고 영어 공부에 몰입하게 되었다. 덕분에 기범이는 국내 토종이라고 믿기 어려울 만큼 완벽한 영어 구사 능력을 갖게 되었다.

꿈이 있는 아이와 그렇지 않은 아이 사이에는 이렇게 커다란 차이가 존재한다. 굳이 미래의 거창한 꿈이 아니어도 좋다. 지금 읽기 시작한 영어책 한 권 읽기를 다 끝내는 작고 소박한 꿈이라 할지라도 아이의 꿈을 열렬히 응원하자. 오늘 심은 이 작은 노력 하나가 먼 훗날 멋진 성공의 열매로 열리게 될 것이라며 아이의 꿈을 격려해 주는 부모가 되자.

영어를 잘하려면 분명한 목표 의식이 있어야 한다.
자신의 목표와 꿈을 이루는 데 영어가 어떤 역할을 하는지 깨달으면
아이는 더 적극적으로 영어에 몰두한다.

동기를 부여하고
성취를 시각화하라

———

    꿈과 목표 의식은 아이가 영어를 공부하게 하는 동기로 작용한다. 하지만 꿈은 너무 멀다. 지금 당장 일상에서 지속적으로 영어를 공부하려면 체감할 수 있는 강한 동기가 있어야 한다. 동기가 없는 아이는 외부에서 주어지는 칭찬이나 부모의 강압에 의해서만 영어를 공부한다. 이 경우, 아이는 시간이 지나도 영어에 흥미를 느끼지 못하고 실력도 크게 향상되지 않는다. 반면 영어 공부에 강한 동기를 가진 아이는 같은 시간, 같은 노력을 들여도 실력이나 결과에 있어 큰 차이를 만들어 낸다.

동기는 자발적인 동기여야 한다. 타인에 의해서가 아니라 스스로 영어에 흥미와 관심을 갖는 것이다. 외부로부터 주어지는 보상은 일시적인 효과를 줄 수는 있지만 장기적으로는 큰 효과를 발휘하지 못한다. 타인의 칭찬이나 상품 같은 보상이 영어 공부에 대한 동기가 될 경우, 내성이 생겨서 차츰 더 큰 보상이 주어지지 않으면 동기를 잃게 된다. 그러므로 아이가 스스로 영어 공부에 대한 동기를 찾을 수 있도록 관심과 노력을 기울여야 한다.

시작은 외부 보상으로

자발적이고 내적인 동기를 갖게 만드는 가장 좋은 방법은 아이 스스로 책 읽기가 주는 즐거움을 느낄 수 있게 하는 것이다. 영어책이 재미있다고 느끼면 누가 시키지 않아도 밤을 새며 읽는다. 그런데 모든 아이가 처음부터 영어책 읽는 즐거움을 알고 시작하지는 않는다. 아직 알파벳도 잘 모르고 영어 단어도 제대로 읽지 못하는데 어떻게 영어책 읽기의 즐거움을 느낄 수 있겠는가? 설령 파닉스를 배워 책을 소리 내어 읽을 수 있다 해도 단어의 뜻을 모르고 책 내용을 이해하지 못한다면 영어책 읽기가 즐거울 수 없다.

이처럼 처음 영어책 읽기를 시작하고 아직 책 읽기에 대한 자발적인 동기가 없을 때는 외부적인 보상을 제공할 수 있다. 영어책 읽기에 대한 내적인 동기가 분명치 않은 아이들을 위해 내가 사용하는 동기 부여 방법은 책 읽기 목표를 달성할 때마다 아이가 좋아하는 게임이나 놀이, 음식이나 선물로 그 성취를 격려하고 축하해 주는 것이다. 영어를 잘하고 열심히 하면 좋은 결과가 생긴다는 것을 눈으로 보여 주는 것이다. 그러면 아이들은 그 작은 햄버거 세트 하나, 그 작은 아이스크림 하나를 받기 위해 영어책 100권 읽기에 목숨 걸고 도전한다. 요즘같이 먹을 것이 흔하고 엄마 아빠에게 얼마든지 사달라고 할 수도 있는 음식인데도 유독 나에게 받는 보상을 아이들은 기대한다. 아이들은 그만큼 교사가 주는 보상을 귀하게 여긴다. 어떤 아이는 자신이 상품으로 받은 햄버거 세트로 가족과 함께 외식을 즐기며 자신이 얼마나 대단한 존재인지를 자랑하기도 한다.

100권의 영어책을 읽고 그 보상으로 먹는 햄버거 맛이 어떨까? 아이들이 느끼는 즐거움은 단지 햄버거 맛에만 머무는 것은 아닐 것이다. 영어책 100권 읽기라는 어려운 도전을 성취해 낸 자신에 대한 뿌듯함, 자신도 이제 영어책을 100권이나 읽을 수 있는 사람이 되었다는 자신감, 앞으로 더 열심히 읽어서 이제 200권을 달성하고 싶다는 꿈과 희망, 이런 것들이지 않을까. 사실 초등 저학년 아이들에게는 책 읽기 자체가 주는 즐거움보다는 이런 외적인 보상이 훨씬 더 강한 동기가 된다. 눈에 보이는 외적인 보상을 잘 활용하면 영어책 읽기에 대한 동기 부여와 목표 달성에 도움이 될 수 있다.

외부 동기를 내적 동기로

명심할 것은 외부에서 주어지는 동기는 오래 지속될 수 없다는 사실이다. 그래서 반드시 자발적 동기를 일으키게 도와야 한다. 영어책 읽기에 대한 내적 동기를 자극하기 위해 내가 실천하고 있는 것이 있다. 매일 자신이 이룬 작은 성취를 눈으로 확인할 수 있도록 읽은 책의 북 리스트를 직접 쓰게 하는 것이다.

기록의 힘은 생각보다 대단하다. 아직 영어 읽기와 쓰기가 서툰 아이들일지라도 바인더에 자신이 읽은 책 제목을 하나씩 써 내려가면서 자신이 이룬 성취와 또 자신이 앞으로 읽어 가야 할 책의 목표를 눈으로 확인하게 해 준다. 그러면 아이들은 앞으로 읽어야 할 책의 숫자를 미리 적어 놓고 고지를 향해 한걸음씩 올라간다.

이렇게 책 읽기 목표를 시각화하면 아이들은 자신이 읽은 책의 숫자에 스스로 놀라며 나에게 와서 자랑하듯 말한다.

"선생님 보세요. 제가 벌써 80권이나 읽었어요. 이제 20권만 읽으면 100권이 되요."

그러면 나는 세상을 다 얻은 것처럼 기뻐하며 아이의 성취를 축하해 준다. 이 과정에서 아이들은 '영어책 읽는 아이'로 자신에 대한 정체성을 형성한다. 매일 북 리스트의 숫자가 늘어 가는 것을 보면서 성취감을 느끼고, 이런 작은 성취감이 차곡차곡 쌓여 자존감이 되고 자신감이 된다. 그러다 보면 영어 실력은 자연스럽게 늘고, 어느 순간 누가 시키지 않아도 스스로의 즐거움과 만족감을 위해 영어책을 읽는 때가 찾아온다.

처음부터 영어책 읽기가 좋아서 영어책을 읽는 아이는 없다.
우선은 게임, 선물, 용돈 등 외적인 보상으로 동기를 부여하고,
차츰 성취의 시각화 등을 통해 내적인 동기로 옮겨 가면 된다.

영어책 읽기가 즐거워지는
환경 만들기

심리적 환경

엄마가 아이에게 해 줄 것은 원어민 같은 완벽한 발음으로 책을 읽어 주는 것이 아니다. 그보다는 오히려 아이가 영어책 읽기의 즐거움에 빠질 수 있도록 자유롭고 편안한 환경을 만들어 주는 데 신경을 써야 한다. 엄마가 흔히 하는 실수 중에 유명 어학원 보내 주고 비싼 영어 교재 사다 주면 아이 영어가 좋아진다고 생각하는 것이다. 그러나 아이에게는 이런 외적인 환경보다 내면의 심리적 환경이 더 중요하다. 심리적으로 불안하고 자아상이 부정적이고 낮은 상태에서는 아무리 좋은 환경을 마련해 주어도 실력이 향상되지 않는다.

가장 먼저 엄마가 절대적으로 피해야 할 것은 다른 아이와 비교하거나 경쟁하게 만드는 것이다. '누구는 영어를 얼마만큼 한다는데, 영어책을 어느 정도 읽는다는데, 영어 리딩 레벨이 얼마가 나왔다던데' 하는 말은 아이 앞에서 절대 해서는 안 된다. 엄마는 그냥 지나가는 말로 할 수도 있지만 아이는 무의식중에 이 말을 마음에 새긴다. 그리고 엄마를 기쁘게 해 주고 싶다는 생각에 어떻게 해서든 그 아이를 이기겠다는 경쟁심을 갖게 된다.

이런 비교나 경쟁이 아이의 영어 공부에 어느 정도 동기를 제공하고 실력을 향상시키는 데 도움을 줄 수는 있다. 하지만 이렇게 자란 아이는 항상 다른 사람과 자신을 비교하고 상대가 누구냐에 따라 열등감 혹은 우월의식을 가진 불안정한 어른으로 자랄 수 있다. 오히려 아이를 있는 모습 그대로 수용해 주고 마음을 편안하게 해 주는 것이 아이의 미래를 위해 훨씬 중요하다. 그러면 아이는 영어 실력과 상관없이 자신을 사랑하고 자존감이 높은 아이로 자랄 것이다. 아이의 비교 대상은 어제의 자신일 뿐, 절대 다른 사람이 되어서는 안 된다.

물리적 환경

아이가 책 읽기에 집중할 수 있는 물리적 환경을 갖춰 주는 것도 중요하다. 인간은 철저히 환경에 영향을 받는 존재이다. 자기 통제력이 약한 어린 아이일수록 더 그렇다.

즐겁게 독서에 몰입하려면 적어도 책 읽는 시간만큼은 스마트폰이나 게임, 텔레비전 같은 자극적인 영상 매체를 차단해야 한다. 아이 손에 스마트폰이나 게임기가 들려 있는 상태에서 영어책에 집중하는 것은 아이들에겐 거의 불가능한 일이다. 물론 스마트폰으로 정보를 수집하고 검색하는 요즘 같은 디지털 시대에 게임이나 영상 매체를 완전히 차단한다는 일은 쉽지 않다. 그러나 적어도 영어책을 읽는 시간만큼은 오로지 책 읽기에 집중할 수 있게 해야 한다. 게임이나 영상 시청은 정해진 책 읽기가 끝난 후 보상으로 활용하는 것이 바람직하다.

영어책 읽기에 우선순위를 두고 아이의 일정을 조절하는 것도 중요하다. 아이들은 배워야 할 게 너무 많다. 국영수는 말할 것도 없고 과학, 미술, 음악, 체육, 줄넘기, 주산까지 7~8개의 학원을 다니는 것은 기본이다. 어느 것 하나 소홀히 할 수가 없다. 그러다 보니 영어책을 읽어야 한다는 것은 알지만 시간 배분이 이루어지지 않아 못하는 경우가 대부분이다.

하지만 영어책 읽기는 초등학교 때 올인해야 한다. 특히 초등 저학년 시기에 영어책 읽기를 시작하지 않으면 나중에 훨씬 더 많은 시간과 돈을 영어 공부에 쏟게 된다. 그나마 그때는 투자 대비 효율도 현저히 떨어진다. 따라서 가장 중요한 영어책 읽기에 우선순위를 두고 나머지 시간을 배치해야 한다.

신체적 환경

마지막으로 아이의 신체적인 컨디션 관리에도 주의해야 한다. 너무 피곤하거나 분주하면 책읽기에 집중할 수 없다. 충분히 자고 휴식을 취한 다음에야 비로소 책 읽기에 집중할 수 있다. 요즘 아이들은 너무 바쁘다. 충분한 수면과 휴식을 취할 수 있도록 엄마는 아이의 일과를 잘 관찰하고 조절해 주어야 한다.

이렇게 심리적으로, 물리적으로, 그리고 신체적으로 자유롭고 편안한 환경을 조성해 주면, 영어책 읽기가 중요한 습관으로 자리 잡게 될 것이고, 책 읽기를 즐기고 몰입하는 시간이 늘어날수록 영어 실력도 늘어나게 될 것이다.

아이가 영어책 읽기의 즐거움에 빠지려면,
첫째, 마음이 편해야 하고,
둘째, 주의를 분산시키는 물건이 없어야 하고,
셋째, 신체 컨디션이 좋아야 한다.

예술을 사랑하면
영어 실력이 좋아진다

―――

예술을 사랑하는 것이 영어와 무슨 관련이 있냐고 질문할 수 있지만, 나는 아이들을 키우면서 예술 재능을 기르는 것이 인생을 풍부하게 할 뿐만 아니라 영어 실력을 향상시키는 데도 도움이 된다는 사실을 알게 되었다. 예술적인 소양이 깊어질수록 정서적인 안정감이 높아지고 사고력과 이해력이 깊어진다. 악기 연주와 학습 능력의 상관관계에 대해서는 많은 연구 결과가 나와 있다.

우리 아이들은 미국에서 선생님들에게 피아노, 플롯, 바이올린 같은 악기를 배우면서 악기를 연주하는 기술을 배웠다기보다 음악을 사랑하고 자기를 단련하는 법을 더 많이 배웠다. 한 가지 악기에 익숙해진다는 것은 그만큼 많은 시간과 인내가 요구되는 일이다. 매일 자신의 게으름과 싸워야 하고, 끊임없이 찾아드는 그만두고 싶은 유혹을 이겨내야 한다.

이렇게 자신과의 싸움에서 이기고 무엇인가를 잘하는 사람이 되어 갈 때, 아이들은 자기 효능감을 느끼게 된다. 그리고 이 자기 효능감은 인생의 다른 영역에까지 확대되어 좋은 영향을 미치게 된다. 악기 연주를 잘한다는 자신감은 그 자체로만 끝나는 것이 아니라 영어를 비롯한 다른 모든 학습에까지 영향을 미치는 것이다.

특히 미국 노스웨스턴 대학 청각 과학 연구소의 니나 크라우스 교수는 아이가 악기를 연주하거나 음악에 맞춰 몸을 흔드는 등 음악의 즐거움에 빠지면 뇌세포의 연결이 긴밀해진다는 사실을 밝혀냈다. 다시 말해, 음악 교육은 아이의 말하기, 읽기, 외국어 이해 같은 언어 능력을 현저하게 상승시킨다는 것이다.

영어를 잘하려면 악기를 배워라.
자기를 단련하는 습관과 악기 연주를 통해 얻는 자기 효능감은
영어 실력 향상에도 긍정적인 영향을 끼칠 것이다.

꿈을 이루는 아이는
먹는 음식이 다르다

———

《공부보다 공부 그릇》을 쓴 심정섭 선생님은 공부 그릇을 키우기 위해 필요한 것은 건강하고 지구력 있는 몸이라고 말하고 있다. 영어를 잘하고 글로벌 인재가 되는 것도 중요하지만 제일 중요한 것은 건강이다. 건강해야 자신의 꿈을 위해 열심히 달려갈 수 있고, 건강해야 소원하는 일을 즐겁게 해낼 수 있다. 그러므로 아이가 신체적으로 건강하게 성장할 수 있도록 좋은 먹거리를 제공해 주어야 한다.

최근 부쩍 산만하고 충동적인 아이들이 늘었는데, 그 이면에는 패스트푸드가 존재한다. 아이들이 즐겨 먹는 탄산음료, 튀김, 탄수화물이 많은 빵이나 떡볶이 등은 뇌혈관에 나쁜 영향을 끼치는 대표적인 음식이다. 《죽을 때까지 치매 없이 사는 법》의 저자인 신경과 전문의 딘 세이자르는 우리 뇌의 건강과 기능은 우리가 먹는 음식에 의해 가장 깊은 영향을 받는다고 말한다. 《내 아이를 위한 두뇌 음식》의 저자 조엘 펄먼 역시 12살까지 먹는 것이 평생을 간다고 말하고 있다.

아이는 인생이라는 장거리 경주에서 러너로 뛰어야 한다. 따라서 어렸을 때부터 올바른 식습관을 잡아 주는 것이 필요하다. 당장 입이 즐거운 음식을 먹이지 말고 몸에 좋은 음식을 만들어 주어야 한다. 나도 아이들을 키우면서 가장 많이 신경 썼던 부분이 바로 영양과 식단이었다. 미국에 살면서도 특별한 경우가 아니고는 햄버거나 피자 같은 패스트푸드를 사 주지 않았다. 이런 음식은 아이들이 책을 다 읽었을 때 선물이나 보상으로만 사 주었다.

우리나라 초중고 아이들의 경우, 오랜 시간 책상에 앉아 많은 양의 공부를 해내야 하기 때문에 자칫하면 건강을 해치기 쉽다. 머리를 많이 쓰는 학생일수록 두뇌 발달이나 두뇌 활동에 도움이 되는 음식을 먹어야 한다. 이런 음식으로는 호두, 아몬드 같은 견과류, 기름기가 적은 흰색 육류, 비타민과 무기질이 풍부한 녹황

색 채소, 오메가 3 지방산과 비타민 A, C, E, 코큐텐, 셀레늄 등의 항산화물질이 많은 과일과 채소 등이다. 그리고 탄산음료보다는 물을 자주 마시는 습관을 가지게 해야 한다. 특히 간식의 경우, 시간이 없다는 이유로 라면이나 과자, 빵 같은 것을 먹이는데, 아이의 건강을 해치는 최악의 음식들이다. 그 대신 자연에서 나오는 간식을 먹도록 해야 한다.

아이의 삶에서 가장 중요한 것은 건강이다.
건강해야 꿈을 위해 노력할 수 있고 원하는 일을 해낼 수 있다.
건강한 먹거리로 건강한 신체를 만들어 주자.

운동은
선택이 아니라 필수다

―

《운동화 신은 뇌》라는 책에서 저자인 존 레이티는 운동과 학습의 상관관계를 설명하기 위해 미국 일리노이주 네이퍼빌에 있는 센트럴 고등학교를 소개하고 있다. 이 학교는 미국에서만이 아니라 전 세계적으로도 학업 성취도가 높기로 유명하다. 유독 이 학교의 학업 성취도가 높은 비결이 무엇인가? 아침 7시 10분에 시행하는 체육 시간에 그 비밀이 숨어 있다고 한다.

이 학교는 전교생이 매일 1마일을 달린 후에 수업을 시작한다. 이렇게 아침 일찍 달리기를 한 아이들은 하루 종일 정신이 맑고

기분이 좋은 상태로 보낸다. 스트레스가 줄어들었을 뿐만 아니라 수업에 대한 집중력이 높아졌고 읽기 능력과 문장 이해력이 향상되었다. 반면 늦잠을 자고 달리기를 하지 않은 아이들은 읽기 능력이나 문장 이해력이 향상되지 않았다. 네이퍼빌 학군에서 이 운동 혁명 프로그램을 주도하고 있는 필 롤러는 "체육 교사들이 하는 일은 아이들의 신체적인 능력을 향상시키는 것이 아니라 뇌 기능을 향상시키는 것"이라고 자신 있게 말하고 있다.

"우리 체육 교사들은 뇌세포를 만들어 내지요. 그 속에 내용물을 채워 넣는 것은 다른 교사들의 몫이고요. 0교시 체육 수업의 목적은 격렬한 운동을 통해 학생들의 두뇌를 학습에 적합한 상태로 만드는 것입니다. 학생들의 뇌를 깨워서 교실로 들여보내는 것입니다."

체육 시간을 줄여 다른 교과목을 공부해도 성적이 눈에 띄게 향상되지 않는다. 오히려 그 반대로 해야 한다. 운동을 하면 뇌가 건강해지고 심리 상태와 정신 상태가 좋아져 학습 성취도가 올라간다. 학습은 뇌세포의 연결이 활발히 이루어져야 효과가 있는데, 운동은 뇌에 막대한 자극을 가해서 이 과정을 촉진한다. 운동이 학습에 적합한 능력과 의지를 갖추게 해 주는 것이다. 결국 운동을 해야 공부를 더 잘할 수 있다는 이야기다.

아침에 한 시간 정도 운동을 하고 나서 공부를 하면 훨씬 더 잘 집중하고 공부하는 내용도 잘 기억할 수 있다. 그만큼 운동이 중요하다. 아이들의 영어 실력이 향상되기 위해서는 아이의 몸과 마음이 최상의 상태에 있어야 한다. 아무리 좋은 영어 콘텐츠가 있어도 그것을 수용할 수 있을 만큼 건강하지 못하다면 아무 소용이 없다.

운동을 하면 뇌세포가 깨어나고 두뇌가 학습에 적합한 상태로 된다.
몸과 마음이 최상의 컨디션이 되어 학업 성취도가 오른다.
영어를 잘하고 싶다면, 시간을 투자해서라도 운동해야 한다.

영어를 거부하는
아이를 위한 처방전

아이가 영어를 거부한다면 영어로 인해 불쾌했던 경험이나 기억을 가지고 있는 경우가 대부분이다. 부모나 선생님이 영어에 대해 과도한 부담감을 주었거나 자신의 수준에 맞지 않는 학습을 해서 실패감이 누적될 경우, 아이는 심한 거부감을 보일 수 있다.

초등 3학년인 수민이가 대표적인 경우다. 무리한 단어 암기와 시험, 친구들과의 경쟁에서 계속되는 실패, 수업 내용을 따라가지 못하는 데서 오는 좌절감으로 인해 영어에 대해 심한 스트레스와 강박감을 느끼게 되었다. 거기에다 수민이는 가만히 앉아서 단어를 외우거나 책을 읽는 학습 스타일과 맞지 않았다. 그러다 보니 어느 순간 영어 자체를 거부하는 상황에 이르게 되었다.

다행히도 엄마는 아이의 마음을 헤아리게 되었고, 영어에 대한 욕심을 내려놓기로 결정했다. 그리고 영어 공부의 목표를 다시 잡기로 했다.

'아이가 영어를 싫어하지 않게만 하자.'

영어보다 아이의 마음을 먼저 보라

아이들의 미래를 생각해 볼 때, 앞으로는 어떤 직업을 가지든 평생 영어와 더불어 살아야 하는 시대가 되었다. 그런데 이렇게 어린 시기에 영어에 상처를 받고 마음의 문을 닫아 버린다면 너무나 큰 손실이자 비극이 아닐 수 없다. 어른이든 아이든 자신이 하는 것에 대해 심리적으로 압박감을 느끼거나 스트레스를 받으면 학습 효과가 떨어진다.

아이가 영어를 싫어하고 영어에 대해 거부감을 보이면 아이와 솔직하게 대화하는 시간을 가져야 한다. 무엇이 아이를 그렇게 힘들게 하는지 이해해 주고 먼저 아이의 마음에 있는 상처를 어루만져 줄 수 있어야 한다. 계속적인 관심과 사랑으로 아이의 마음을 회복시키는 것이 영어보다 더 중요하다. 아이가 영어를 중단하기를 원하면 일시적으로 휴식기를 가질 수도 있다. 이 시기에 아이의 상처를 잘못 다루면 인생 전반에 대해 부정적인 사람으로 성장할 수도 있다.

대화를 통해 아이의 마음이 어느 정도 치유되고 안정되면 다시 조금씩 영어에 노출시키되, 아이가 좋아하는 것으로 시작해야 한다. 영어책보다는 한글책을 계속 읽어 주고 아이가 좋아하는 애니메이션이나 유튜브에서 영어 동화 동영상을 함께 보면서 서서히 영어책 읽는 시간을 가져 본다. 대신에 처음에는 아주 짧은 시간 동안만 노출해 주어야 한다. 영어가 공부라는 느낌이나 어렵고 힘들다는 느낌이 들지 않도록 하는 것이 중요하다,

아이의 수준에 맞게 천천히 오래 가라

초등 고학년이 영어 거부증을 보이는 경우라면 해결책이나 접근 방법을 다르게 해야 한다. 학년이 높아짐에 따라 영어의 난도가 갑자기 올라가서 학습 과정을 따라가지 못하면 영어에 대해 거

부감을 보일 수 있다. 이때는 아이에게 지속적인 패배감을 심어 주는 학원을 떠나 새로운 환경으로 바꾸어 주는 것도 좋은 방법이다. 아이가 심리적인 패배감을 느끼는 상태에서 학원을 계속 다니는 것은 아무 의미가 없다. 아이 레벨보다 조금 낮은 반으로 보내 영어에 대한 자신감부터 회복하도록 하는 것이 중요하다.

또 하나, 국어 능력이 약해서 영어에 어려움을 느낄 수도 있다. 이 경우에는 영어책보다 한글책을 더 많이 읽도록 하는 것이 좋다. 국어 실력이 뒷받침되지 않으면 아무리 영어 공부를 해도 성과가 기대만큼 오르지 않는다.

잘 따라오던 아이가 갑자기 영어에 거부감을 드러낸다면,
첫째, 영어보다 아이의 마음을 먼저 살피고,
둘째, 아이 수준을 살펴 천천히 오래 가라.

부록

내 아이를 위한
영어책 1천 권 읽기
맞춤 시뮬레이션

우리 아이 첫 영어책 읽기,
어떻게 시작할까?

지금까지 초등 시기에 영어책을 다독해야 하는 이유와 어떻게 접근하면 좋은지에 대해 나의 경험과 노하우를 중심으로 들려드렸다. 이제 많은 엄마들이 내 아이의 영어책 읽기를 시도해 보고자 하는 의지가 생겼으리라 생각한다. 그런데 막상 영어책 읽기를 처음 시도하려고 보니, 무엇부터 해야 할지 막막할 수 있다. 그래서 준비했다. 내 아이를 위한 영어책 1천 권 읽기 맞춤 시뮬레이션을 해 보는 것이다.

이 시뮬레이션은 1년에 1천 권을 읽는 과정으로 구성되어 있으며, 다음 3가지 사실을 전제하고 있다.

첫째, 리더스북과 챕터북을 읽는 초등 저학년 아이를 주 대상으로 한다. 영어 소설이나 고전의 경우, 아무리 다독을 해도 글 밥이나 책의 두께 때문에 1년에 1천 권 읽기는 사실상 불가능하다. 하지만 리더스북이나 챕터북은 일단 글자 수가 적고 책이 얇기 때문에 초등 저학년 시기에 매일 적정 시간을 투자하면 얼마든지 가능하다. 이 시기에 영어책 읽기에 올인하면 아이의 영어는 점차 크게 성장할 것이다.

둘째, 리딩 레벨은 학년에 따른 구분이 아니다. 아이의 영어 실력은 모국어에 대한 이해 수준이나 이전의 영어 인풋량, 가정에서의 영어 환경 등에 따라 상당한 차이가 있다. 따라서 학년별로 단계를 나누는 것은 크게 의미가 없다. 7세 유치원생이라도 사고력이나 이해력, 이전 노출량에 따라 초등 고학년 정도의 영어 수준을 가진 아이가 있는가 하면, 초등 고학년이지만 아직 낮은 수준의 영어 실력을 가진 아이가 있다.

그러므로 여기에서는 학년이 아니라 아이가 본격적인 영어책 읽기를 시작할 시점의 영어 리딩 레벨을 기준으로 단계를 나누어 독서 방법을 제시한다. 단, 본격적인 영어책 읽기 시작 시기는 모국어 발달이 거의 완성될 무렵인 7세 이후로 잡는 것이 좋다.

셋째, 1년에 영어책 1천 권 읽기는 뜻도 모르는 상태에서 무작정 책만 많이 읽는 것을 의미하지 않는다. 본문에 대한 이해를 바탕으로 실제적인 영어 사용 능력을 기르는 것이 책 읽기의 목표이다. 다시 말해, 다량의 인풋을 통해 실제적인 아웃풋까지도 가능해야 한다. 그래서 다독을 권장하되, '의미 있는 다독'과 '아웃풋을 고려한 다독'이 될 수 있도록 시뮬레이션을 구성했다.

시뮬레이션의 전체적인 흐름을 말하자면, 먼저 아이의 영어 수준에 맞는 영어책을 주 교재로 정한다. 그리고 그 교재를 중심으로 정독을 진행하면서 영어의 다른 영역(듣기, 말하기, 쓰기, 문법, 단어 등)도 발전시킬 수 있는 다독 교재와 보조 교재를 함께 활용한다.

책읽기 초기에는 주 교재와 보조 교재를 배운 부분만큼 매일 집중해서 듣고, 낭독하고, 본문을 필사하는 것을 원칙으로 한다. 하지만 챕터북이나 영어 소설 읽기로 넘어가면 내용이 길어지기 때문에 일일이 낭독이나 필사하는 것이 어렵다. 이때부터는 낭독이나 필사보다는 책 내용을 전체적으로 이해하고 핵심 내용이나 문장을 자신만의 언어로 요약하고 발표하는 말하기 능력을 기르는데 주력한다.

앞서 말한 것처럼 영어책 읽기의 목적은 '책이 주는 즐거움'과 더불어 '실제적인 영어 사용 능력'을 함께 발전시키는 것에 있다. 따라서 즐거움을 위한 책읽기로 끝나지 않고 반드시 읽기를 통해 듣기와 쓰기, 말하기 능력까지 균형 있게 발달하도록 지도하는 것이 중요하다.

영어책과 시청각 자료,
어디서 구입할까?

영어책을 읽으려면 당연히 영어책이 있어야 한다. 하지만 막상 영어책을 구하려면 막막할 수 있다. 많은 엄마들이 그동안 한글책은 많이 구입해 봤어도 영어책을 구입할 일은 별로 없었을 것이기 때문이다. 그래서 영어책 읽기 시뮬레이션을 본격적으로 시작하기 전에 영어책을 구입할 수 있는 방법을 정리했다.

일단, 알라딘, 교보문고, 인터파크, 예스24, 영풍문고 같은 대형 서점에서 얼마든지 영어 원서를 구입할 수 있다. 그러나 어린이 영어책 전문 서점을 이용하면 공동 구매 기회도 있고 일반 서점보다 할인율이 높아서 더 저렴하게 구입할 수 있다. 한 서점을 꾸준히 이용하면 쿠폰이나 포인트 혜택이 있어 더 많은 할인을 받을 수 있다.

인터넷 영어 서점
· 웬디북 www.wendybook.com
· 쑥쑥몰 www.eshopmall.suksuk.co.kr

- 동방북스 www.tongbangbooks.com
- 에버북스 www.everbooks.co.kr
- 키즈북세종 www.kidsbooksejong.com
- 와우ABC www.wowabc.com
- 하프프라이스북 www.halfpricebook.co.kr
- 제이와이북스 www.jybooks.com
- 키다리영어샵 www.ikidari.co.kr
- 에듀카코리아 www.educarkorea.co.kr
- 인북스 www.inbooks.co.kr
- 네이버 카페 도치맘 https://cafe.naver.com/dochithink
- 잠수네 www.jamsune.com

중고 영어책

- 중고나라 https://cafe.naver.com/joonggonara
- 당근마켓 www.daangn.com

초기 리더스북 1단계 (미국 학년 Pre~1 : 6개월 과정)

영어 노출 시간

하루 2~3 시간 / 하루 3권(6개월 : 540권)

주 교재

Biscuit 시리즈 중 4권 / Eloise 시리즈 중 4권 / Fly Guy 시리즈 중 4권

부 교재

Phonics 교재

Floppy's Phonics (Oxford University Press) / **Phonics Monster 1~4권** (A* List) / **Smart Phonics 1~4** (e Future) / **Let's Go Phonics** (Oxford) / **하루 한 장 English Bite 파닉스** (Mirae N 에듀) / **Fast Phonics** (Compass Publishing) / **Spotlight on Phonics 1~3**

사이트 워드 교재

Sight Word Readers (Scholastic) / **Oxford Readers Sight Words**

다독 교재

종이책

Biscuit 시리즈 / Eloise 시리즈 / Fly Guy 시리즈 / Little Critter 시리즈 / Elephant and Piggy 시리즈 / The Pigeon 시리즈 / Pete the Cat 시리즈 / Dixie 시리즈 / Step Into Reading 스텝 1 / Scholastic Reader 레벨 1 / I Can Read 레벨 My First / Disney Fun to Read 레벨 1

/ Ready to Read Pre 레벨 1 / An I Can Read Book 레벨 1 / Learn to Read 1단계 / Dr. Seuss 시리즈

리딩앤 온라인 영어 도서관
Bob Books 1~9단계 / Oxford Reading Tree 레벨 1~3 / Phonics World Readers 레벨 1~5 / Let's Go Readers (Beginner~레벨 1) / Oxford Read and Imagine (Early Starter~Beginner) / Dolphin Readers (Starter~레벨 1) / Tick Tock Readers 레벨 1~3 / Big Cat 시리즈 레벨 1~3 / Read With Phinnie 프라이머리 1 / Nursery Rhymes 레벨 1~2

보여 주기와 들려주기
이 시기에는 영어 동요와 전래 동화를 많이 보여 주고 들려준다.
Babybus-Nursery Rhymes
Little Angel: Nursery Rhymes & Kids Songs
www.mothergooseclub.com/nursery-rhymes

유튜브로 주 교재인 Biscuit 시리즈와 Eloise 시리즈, Fly Guy 시리즈를 반복해서 보고 듣는다. 아이가 이미 읽은 책과 현재 읽고 있는 책을 중심으로 영상 보기와 듣기를 실천한다. 다음은 영어책을 읽어 주는 대표적인 유튜브 채널들이다.

Little Ones Story Time Video Library / Story Book / 바다별에듀TV / Ms. Becky And Bear's Story Time / Kid Time Story Time / Story at Awnie's House / The Story Time Family / Sue's Reading Corner / Pink Penguity

영어 그림책을 애니메이션으로 만든 유튜브 채널을 보여 주는 것도 좋다.

illuminated Films

유튜브나 DVD로 교육용 영상물을 보여 준다.

Alphablocks / Cocomelon / Caillou / Peppa Pig / Arthur / Franklin / Eloise / Charlie and Lola / Max and Ruby / The Magic Key / Berenstain Bears / Sesamestreet / Super Why / Clifford / Timothy goes to School / Dora the Explorer / Little Bear / Timothy Goes To School

영어 그림책을 노래로 만든 '노부영 시리즈' CD를 반복해서 들려준다.

읽어 주기

문장이 쉽고 간단한 영어 그림책을 소리 내어 읽어 준다. 이 시기에 읽어 주면 좋은 책들은 다음과 같다.

Brown Bear Brown Bear / I Went Walking / Walking Through the Jungle / Dear Zoo / Pete the Cat / The Very Busy Spider / The Very Hungry Caterpillar / Five Little Monkeys / Go Away Big Green Monster / Chicka Chicka Boom Boom / Rainbow Fish / Today Is Monday / We're Going on a Bear Hunt / Joseph Had a Little Overcoat / Things I Like / My Dad / What's the Time Mr. Wolf /

Dinnertime / Seven Blind Mice / Guess How Much I Love You /
No David / Oh David / Chicka Chicka abc / Good-night Owl /
Cows in the Kitchen / Jamberry / Hooray for Fish! / Bear About
Town / Bear at Home / Quick as a Cricket / Rain / Bear Hunt
/ It Looked Like Spilt Milk / From Head to Toe / Bark George /
Hooray for Fish / Good Night Gorilla /

리딩 팁

이 시기는 알파벳과 파닉스를 익히는 단계이다. 하지만 이것들만 따로 가르치기보다 가장 쉬운 단계의 초기 리더스북을 읽으며 알파벳과 파닉스를 병행해서 가르친다. 초기에는 쉽고 간단한 파닉스북을 선택하고 교재 내용을 암기할 정도로 반복해서 학습하는 것이 중요하다. 영어책의 70~80% 가량을 차지하고 있는 사이트 워드도 함께 가르친다.

이 시기 영어 학습에서 가장 중요한 것은 다량의 영어 노출이다. 책과 동영상, 온라인 영어 도서관을 통해 최대한 많은 양의 영어를 접할 수 있도록 해야 한다. 이미 읽은 책이나 현재 읽고 있는 책을 유튜브 영상으로 보여 주고 CD로도 듣게 한다. 아직 스스로 책 읽기가 어려운 시기인 만큼 '베드 타임 스토리' 시간을 매일 가져야 한다. 쉽고 단순한 문장이 반복되는 재미있는 그림책과 한 페이지에 한두 문장 정도의 얇은 리더스북을 아이와 함께 읽는다.

· 주 교재와 보조 교재에서 배운 단어와 문장을 소리 내어 읽게
하고 노트에 쓰게 한다.
· 주 교재를 읽을 때는 CD를 들으면서 문장을 손가락으로 핑거
포인팅하며 읽는다.
· 읽은 책을 유튜브나 CD로 반복해서 보고 듣는다. 단어 카드
와 문장 카드를 이용하여 단어와 문장을 반복 복습한다.

   종이로 된 영어책만 아니라 온라인 영어 도서관을 이용하면 단
어나 문장을 원어민의 음성으로 직접 듣고 따라 읽을 수 있어 좋
다. 굳이 비싼 CD를 구입하지 않아도 되고 어디서든 앱을 이용한
영어 학습이 가능하다. 전자 영어 도서관인 리딩앤(www.readingn.
com)에서는 세계적으로 사랑받는 1,530여 권의 영어 원서를 원어
민 발음으로 들으며 읽을 수 있다. 단어도 게임처럼 익힐 수 있어
지루하지 않고, 자신의 발음을 녹음하고 즉석에서 분석과 평가를
받는 기능까지 있어서 읽기, 듣기, 말하기 능력을 동시에 향상시
킬 수 있다.

영어책 읽기 2단계

초기 리더스북 2단계 (미국 학년 Pre~1 : 6개월 과점)

영어 노출 시간

하루 2~3시간 / 하루 3권 (6개월 : 540권)

주 교재

Robin Hill School 시리즈 중 4권

Danny and the Dinosaur 시리즈 중 4권

Splat 시리즈 중 4권

부 교재

말하기

Let's Go 1

읽기

60-WORD Reading 1, 2 (A* List)   /   My Phonics Reading 1, 2 (A* List)   /

Bricks Reading (50~70)

다독 교재

종이책

Robin Hill School 시리즈   /   Danny and the Dinosaur 시리즈   /   Splat

시리즈   /   Max and Ruby 시리즈   /   Arthur Starter 시리즈   /   Clifford

시리즈   /   Charlie and Lola 시리즈   /   Little Bear 시리즈   /   World

of Reading 레벨 1 시리즈   /   There Was an Old Lady 시리즈   /   Toon

Books 시리즈 / Step into Reading 레벨 1 / An I Can Read Book 레벨 1 / Scholastic Reader 2~3 / I Can Read 레벨 1~3 / Step Into Reading 2~4 / Ready to Read 레벨 1~3 / Scholastic Hello Reader 2 / Usborne First Reading 레벨1, 2

리딩앤 온라인 영어 도서관
Oxford Reading Tree 4, 5단계 / Big Cat 4, 5단계 / Let's Go Readers 2단계 / Happy Readers 1단계 / Dolphin Readers 레벨 2 / Oxford Read and Discover 레벨 1 / Oxford Read and Imagine 레벨 1 / Classic Tales 레벨 1 / Read With Phinnie 프라이머리 2

보여 주기와 들려주기

아이가 이미 읽은 책과 현재 읽고 있는 책을 중심으로 영상 보기와 듣기를 실천한다. 유튜브로 주 교재인 Robin Hill School 시리즈, Danny and the Dinosaur 시리즈, Splat시리즈를 반복해서 보고 듣는다. 영어책 읽어 주는 유튜브 채널은 다음과 같다.

Little Ones Story Time Video Library / Story Book / 바다별에듀TV / Ms. Becky And Bear's Story Time / Kid Time Story Time / Story at Awnie's House / The Story Time Family

유튜브나 DVD로 교육용 애니메이션과 영상물을 보여 준다.
Alphablocks / Cocomelon / Caillou / Peppa Pig / Arthur / Franklin / Eloise / Charlie and Lola / Max and Ruby / The Magic

Key / Berenstain Bears / Sesamestreet / Super Why / Clifford / Timothy goes to School / Dora the Explorer

영어 그림책을 노래로 만든 노부영 시리즈 CD를 반복해서 들려 준다. 주말에는 The Lion King, Frozen 같은 디즈니 애니메이션 을 함께 시청한다.

읽어 주기
문장이 쉽고 간단한 영어 그림책을 소리 내어 읽어 준다. 이 시 기에 읽어 주면 좋은 책들은 다음과 같다.

Press Here / Mix It Up / My Crayons Talk / This is Not My Hat / Bark George / Everyone Poops / Yes Day! / My Garden / The Story of the Little Mole / The Very Busy Spider / Willy the Champ / Changes / I'm the Biggest Thing in the Ocean / My Teacher Is a Monster / Guess How Much I Love You / The Doorbell Rang / Madeline / Who Stole the Cookies from the Cookie Jar / Silly Sally / Pete's Pizza / Water / Flying / Little Beauty / Cows in the Kitchen / Skeleton Hiccups / Colour Me Happy / Not Now Bernard / When Sophie Gets Angry Really / Really Angry

리딩 팁
파닉스가 완벽하진 않지만 쉬운 단계의 리더스북 읽기가 조금 씩 가능해진다. 이때부터 영어책 읽기의 맛과 즐거움을 느끼기 시작한다. 그러나 아직도 독립적인 책 읽기는 어려운 상태이므로 매일 시간을 정해 놓고 부모나 교사가 아이에게 영어책을 읽어 준다.

- 주 교재와 부 교재를 매일 집중해서 듣는다.
- 주 교재와 부 교재를 소리 내어 읽은 후 녹음해서 들어본다.
- 주 교재와 부 교재를 노트에 필사하고 주요 문장과 단어를 암기한다.
- 온/오프라인 영어 도서관에서 주 교재와 같은 레벨의 리더스북을 매일 3권 이상 읽는다.
- 유튜브로 현재 읽고 있는 영어 그림책과 다양한 종류의 교육용 애니메이션을 보고 듣는다.
- 새로운 책을 많이 읽는 것도 좋지만 아이가 좋아하는 책을 여러 번 반복해서 읽게 한다.

영어책 읽기 3단계

리더스북 1단계 (미국 학년 1~2 : 6개월 과정)

영어 노출 시간

하루 2~3시간 / 하루 3권(6개월 : 540권)

주 교재

Froggy 시리즈 중 4권

Henry and Mudge 시리즈 중 4권

Arthur's Adventures 시리즈 중 4권

부 교재

말하기

Let's Go 3

읽기

Bricks Reading 80~100 / **리딩버디 1, 2** (NE능률)

문법

문법이 쓰기다 기본 1단계 / My First Grammar 1

다독 교재

종이책

Froggy 시리즈 / Henry and Mudge 시리즈 / Arthur's Adventures 시
리즈 / Young Cam Jensen 시리즈 / Poppleton 시리즈 / Five Little

Monkeys 시리즈 / The Berenstain Bears 시리즈 / Bink and Gollie 시리즈 / Mouse and Mole 시리즈 / Fancy Nancy 시리즈 / World of Reading 레벨 2 / Babymouse 시리즈 / Scholastic Hello Reader 3, 4 / Step Into Reading 레벨 2~4 / An I Can Read 레벨 2 / Ready To Read 레벨 1~3 / Usborne First Reading 레벨 3, 4 / Don't Do That! / Elmer / Grandpa Green / Handa's Surprise / How Do Dinosaurs Say Good Night? / I Want My Hat Back / If You Give a Mouse a Cookie / Stone Soup / Harry the Dirty Dog / My Name is Yoon / Knock Knock Who's There / Papa, Please Get the Moon for Me / Russell the Sheep / Snow / The Adventures of Beekie / The Alphabet Tree / The Gruffalo / The Kissing Hand / The Paper Dolls / The Secret Birthday Message / Tooth Fairy / When Sophie Gets Angry / Where the Wild Things Are / The Dot / Green Eggs and Ham / Llama Llama Red Pajama / The Napping House / My Mom / My Dad / Changes / Silly Billy / The Dumb Bunnies / The Princess and the Dragon / The Story of Little Mole / Caps for Sale

리딩앤 온라인 영어 도서관

Oxford Reading Tree 6, 7단계 / Big Cat 6, 7단계 / Dolphin Readers 3단계 / Let's Go Readers 레벨 3 / Happy Readers 레벨 2 / Oxford Read & Imagine 레벨 2 / Oxford Read & Discover 레벨 2 / Bookworms Starter / Classic Tales 레벨 2 / Read With Phinnie 프라이머리 3 / Dominoes Start

보여 주기와 들려주기

이미 읽은 책과 현재 읽고 있는 책을 중심으로 영상 보기와 집중 듣기를 실천한다. 유튜브로 주 교재인 Froggy 시리즈, Henry and Mudge 시리즈, Arthur's Adventures 시리즈를 반복해서 보고 듣는다. 영어책을 읽어 주는 유튜브 채널에는 다음과 같은 것이 있다.

Little Ones Story Time Video Library / Story Book / 바다별에듀TV /
Ms. Becky And Bear's Story Time / Kid Time Story Time / Story at
Awnie's House / The Story Time Family

유튜브와 DVD로 교육용 애니메이션을 보여 준다.

Caillou / Peppa Pig / Arthur / Franklin / Eloise / Charlie
and Lola / Max and Ruby / The Magic Key / Berenstain Bears /
Sesamestreet

주말에는 영어로 된 디즈니 애니메이션을 시청한다.

리딩 팁

파닉스가 완성되고 독립적인 책 읽기가 가능해진다. 이때부터는 책을 읽되 이야기의 흐름을 파악하고 핵심을 간추려 자신의 말로 쓰고 말할 수 있는 훈련을 시작한다.

· 짧은 문장으로 영어 일기 쓰기도 시작한다.

· 주 교재를 적당량 나누어 매일 3번씩 낭독하고 녹음한다.

· 읽은 책 내용을 집중해서 듣는다.

· 주 교재와 부 교재를 노트에 필사한다.

· 주 교재 내용의 핵심 문장들을 찾아내고 스토리를 재구성한다.

· 책에서 가장 인상적이고 감동적인 장면을 자신의 말로 발표한다.

· 책의 주제와 연관된 제목으로 짧은 글쓰기를 한다.

· 많은 양의 읽기와 듣기를 통해 영어를 소리로 자연스럽게 익히게 한다.

영어책 읽기 4단계

리더스북 2단계 (미국 학년 1~2 : 6개월 과정)

영어 노출 시간

하루 2~3시간 / 하루 3권(6개월 : 540권)

주 교재

Frog and Toad 시리즈 중 4권

Amelia Bedelia 시리즈 중 4권

Mercy Watson 시리즈 중 4권

부 교재

말하기

Let's Go 4

읽기

Bricks Reading 120~150

문법

문법이 쓰기다 기본 2단계 / My First Grammar 2

쓰기

영어 일기

다독 교재

종이책

Frog and Toad 시리즈 / Amelia Bedelia 시리즈 / Mercy Watson 시리즈 / Dragon Tales 시리즈 / Olivia 시리즈 / Annie and Snowball 시리즈 / Curious George 시리즈 / Mr. Putter & Tabby 시리즈 / Usborne Young Reading 시리즈 레벨 1, 2 / Rainbow Magic 시리즈 / Magic Bone 시리즈 / Lunch Lady 시리즈 / Seriously Silly Colour 시리즈 / Easy to Read Wonder Tales 시리즈 / Easy to Read Spooky Tales 시리즈 / A Bad Case of Stripes / A Chair for My Mother / Alexander and the Wind-Up Mouse / Chrysanthemum / A New Coat for Anna / Enemy Pie / Harry the Dirty Dog / Look What I've Got! / Miss Rumphius / Night Monkey, Day Monkey / Officer Buckle and Gloria / Piggybook / Ruby the Copycat / Pumpkin Soup / Silly Billy / Spoon / The Gardener / The Adventures of the Dish and the Spoon / The Library / The Night Shimmy / Owl Moon / Who's Afraid of the Big Bad Book? / Willy the Wimp / Judy Moody and Friends / Flat Stanley 시리즈

리딩앤 온라인 영어 도서관

ORT 8, 9단계 / Big Cat 8, 9단계 / Dolphin Readers 4단계 / Dominoes 레벨 1 / Classic Tales 3단계 / Let's Go Readers 4단계 / Happy Readers 3단계 / Oxford Read & Imagine 3, 4단계 / Oxford Read & Discover 3, 4단계 / Bookworms 레벨 1 / Read With Phinnie 프라이머리 4

보여 주기와 들려주기

CD로 이미 읽은 책 내용을 집중해서 듣는다.

유튜브로 주 교재인 Frog and Toad 시리즈, Amelia Bedelia 시리즈, Mercy Watson 시리즈를 반복해서 보고 듣는다.

유튜브나 DVD로 교육용 영상물을 보여 준다.

주말에는 디즈니 애니메이션이나 교육 다큐멘터리를 아이와 함께 시청한다.

리딩 팁

이 단계가 영어책 읽기에서 가장 정체가 심한 시기이다. 어느 정도 독립적으로 책을 읽을 수 있다고는 하나 여전히 많은 관심과 격려가 필요하다. 이 고비를 잘 넘기면 다음 단계인 챕터북으로 넘어가 자유롭게 영어책을 읽을 수 있는 능력을 갖추게 된다. 이 시기를 잘 극복할 수 있도록 아이들이 좋아할 만한 책을 최대한 많이 찾아 주고 책 읽기에 몰입할 수 있는 마음의 여유와 시간적인 여유를 주어야 한다.

- 주 교재와 부 교재를 매일 집중해서 듣는다.
- 주 교재와 부 교재를 소리 내어 읽은 후 녹음해서 들어본다.
- 주 교재와 부 교재를 노트에 필사하고 주요 문장과 단어를 암

기한다.

· 온/오프라인 영어 도서관에서 주 교재와 같은 레벨의 리더스 북을 매일 3권 이상 읽는다.

· 새로운 책을 많이 읽는 것도 좋지만, 아이가 좋아하는 책을 여러 번 반복해서 읽게 한다.

· 영어 일기 쓰기와 읽은 책을 요약하고 발표하는 훈련을 한다.

영어책 읽기 5단계

챕터북 1단계 (미국 학년 2~3 : 1년 과정)

영어 노출 시간

하루 2시간 / 일주일 5권(종이책 3권, 온라인 도서관 2권, 1년 : 260권)

주 교재

Nate the Great 시리즈 4권

Magic Tree House 시리즈 4권

Junie B. Jones 시리즈 4권

Cam Jansen 시리즈 4권

Marvin Redpost 시리즈 4권

The Zack Files 시리즈 4권

부 교재

말하기

Let's Go 5, 6

읽기

Bricks Reading 170~200 / **180-Word Reading 1, 2** (A*List)

문법

My Next Grammar 1, 2

다독 교재

종이책

Nate the Great 시리즈 / Magic Tree House 시리즈 / Marvin Redpost 시리즈 / The Zack Files 시리즈 / Arthur Chapter Book 시리즈 / Junie B. Jones 시리즈 / Cam Jensen 시리즈 / Wayside School 시리즈 / Ricky Ricotta's Mighty Robot 시리즈 / Horrible Harry 시리즈 / Secret of Droon 시리즈 / Robert Munsch 시리즈 / Dragon Masters 시리즈 / Jigsaw Jones 시리즈 / Tree House 시리즈 / Dog Man 시리즈 / Bad Guys 시리즈 / Press Start 시리즈 / The Princess in Black 시리즈 / The Witch's Dog 시리즈 / Owl Diaries 시리즈 / The Snowy Day / The Little House / Corduroy / A Chair for My Mother / How the Grinch Stole Christmas / The Amazing Bone / The Littles to the Rescue / The Mitten / Doctor De Soto / Prince Cinders / Tooth Fairy / The Rainbow Fish / The Hallo Wiener / Dog Breath / Who Sank the Boat / Lost and Found

리딩앤 온라인 영어 도서관

Big Cat 레벨 10~12 / Oxford Read & Imagine 레벨 5 / Oxford Read & Discover 레벨 5 / Dominoes 레벨 2 / Bookworm 레벨 2 / Happy Readers 레벨 4 / Classic Tales 레벨 3, 4 / Let's Go Readers 레벨 5, 6 / Read With Phinnie 프라이머리 5

보여 주기와 들려주기

유튜브와 CD로 현재 읽고 있는 책들을 집중해서 듣는다.

주말에는 Zootopia, Kung Fu Panda 같은 디즈니 애니메이션과 교육용 다큐멘터리를 영어로 시청한다.

리딩 팁

영어책 읽기의 폭발이 일어나는 시기이다. 이 시기에는 영어책 읽기와 동영상 보기를 기본으로 하되 말하기, 쓰기, 문법, 어휘까지 전반적인 영어 실력 향상에 집중해야 한다. 영어 일기 쓰기와 읽은 책을 영어로 요약하고 발표하는 훈련을 계속한다.

영어책 읽기 6단계

챕터북과 영어 소설 단계 (미국 학년 3~4 : 1년 과정)

영어 노출 시간

하루 2시간 / 일주일 3권(1년 : 156권)

주 교재

Magic Tree House : Merlin Missions 시리즈 중 4권   /   Geronimo Stilton 시리즈 중 4권   /   Roald Dahl 시리즈 중 6권 (The Magic Finger, George's Marvelous Medicine, Esio Trot, Fantastic Mr. Fox, The Giraffe and The Pelly and Me, The Twits)   /   My Father's Dragon   /   Elmer and the Dragon   / Stone Fox   /   Sarah, Plain and Tall   /   Chocolate Fever   /   Frindle   / No Talking   /   Lost and Found   /   There Is a Boy in the Girl's Bathroom / The Hundred Dresses

부 교재

읽기

리딩 튜터 실력편 (NE능률)

Bricks Reading 300

210-Word Reading 1, 2 (A*List)

단어

Vocabulary Workshop

Wordly Wise

문법

Grammar Inside 레벨 1, 2 (능률)

다독 교재

종이책

Seriously Silly Stories 시리즈 / Thea Stilton 시리즈 / Judy Moody 시리즈 / Black Lagoon Adventures 시리즈 / Amber Brown 시리즈 / Usborne Young Reading 시리즈 레벨 3 / DK Survivors 시리즈 / My Weird School 시리즈 / Boxcar Children 시리즈 / Captain Underpants 시리즈 / Who Was 시리즈 / I Survived 시리즈 / Ready Freddy 시리즈 / There Was an Old Lady Who Swallowed 시리즈 / Winnie 시리즈 / Mr. Dunfilling 시리즈 / Franny K. Stein 시리즈 / Magic School Bus 시리즈 / A to Z Mysteries 시리즈 / Horrid Henry 시리즈 / Stink 시리즈 / Roscoe Riley Rules 시리즈 / Dork Diaries 시리즈 / Freckle Juice / Because of Winn-Dixie / The Lemonade War / Doctor De Soto / Stick Rules / The Sloppy Copy Slipup / Lon Po Po : A Red Riding Hood Story from China / Alexander and the Terrible, Horrible, No Good, Very Bad Day / The Secret Garden / Sylvester and the Magic Pebble / Katkong / Dogzilla / Amos and Boris

리딩앤 온라인 영어 도서관

Big Cat 13~15 / Classic Tales 레벨 5 / Oxford Read & Imagine 레벨 6 / Oxford Read & Discover 레벨 6 / Dominoes 레벨 3 / Bookworm 레벨 3 / Read With Phinnie 프라이머리 6 / Happy Readers 레벨 5, 6

보여 주기와 들려주기

유튜브와 CD로 이미 읽은 책과 현재 읽고 있는 책을 집중해서 듣는다.

주말에는 가족용 영화와 교육용 다큐멘터리를 영어로 시청한다.

리딩 팁

· 글자 수가 많아지는 만큼 집중을 위해 낭독보다 묵독으로 읽는다.

· 많은 책을 읽기보다 1주일에 2권 정도의 책을 집중해서 정독한다.

· 본문을 암기하기보다 전체 스토리를 이해하고 핵심을 파악하는 데 주력한다.

· 책 내용을 요약하고 다른 사람들 앞에서 전달하는 프레젠테이션 연습을 계속한다.

· CD를 이용해 주 교재 내용을 반복해서 듣는다.

· 어휘 관리를 위해 어근 중심의 단어책을 병행한다.

· 논픽션과 다양한 과목과 분야의 지문을 접하게 한다.

영어책 읽기 7단계

영어 소설 단계 (미국 학년 4~6학년 : 2년 과정)

영어 노출 시간

하루 2시간 / 일주일 3권(1년 : 156권)

주 교재

Charlie and the Chocolate Factory / Matilda / Beezus and Ramona / Ramona and Her Father / Wonder / The Miraculous Journey of Edward Tulane / Coraline / Mr. Popper's Penguin / Number the Stars / The Tiger Rising / Holes / Where Two Mountains Meet / Alice in Wonderland / Gangster Granny / The Giver / When You Reach Me / Tales From the Odyssey

부 교재

말하기와 토론

Exploring Debate 1, 2

쓰기

Bricks Writing / TOEFL iBT Essay Writing

읽기

Reading Explorer / 210-Word READING / Bricks Reading Intensive

문법

Grammar Inside 레벨 3

다독 교재

종이책

Wimpy Kid 시리즈 / Warriors 시리즈 / Daisy 시리즈 / A Wrinkle in Time 시리즈 / A Series of Unfortunate Events 시리즈 / Andrew Clements 시리즈 / Judy Blume 시리즈 / Mysterious Benedict Society 시리즈 / Percy Jackson and the Olympians 시리즈 / Ramona 시리즈 / How to Train Your Dragon 시리즈 / The Heroes of Olympus 시리즈 / The Chronicles of Narnia / Inkspell 시리즈 / Evil Genius 시리즈 / The Lord of the Rings 시리즈 / Harry Potter 시리즈 / Daisy / Tuck Everlasting / Anne of the Green Gables / Hoot / Bridge to Terabithia / The Kite Runner / Tuesday With Morrie / Life of Pi / Animal Farm / The Hobbit / The Book Thief / The Thief Lord / Crispin / Hatchet / Julie of the Wolves / The Adventures of Huckleberry Finn / Puss in Boots / Where the Red Fern Grows / The Sign of the Beaver / Dream Journal / Harry Potter and the Cursed Child / The Story of the World 시리즈 / How to Eat Fried Worms / Because of Winn-Dixie

리딩앤 온라인 영어 도서관

Big Cat 16~18 / Bookworms 레벨 5, 6

보여 주기와 들려주기

유튜브와 CD로 이미 읽은 책과 현재 읽고 있는 책을 집중해서 듣는다.

Iron Man, The Man Who Invented Christmas 같은 영화나 문

학 작품을 원작으로 한 영화를 시청한다.

CNN을 비롯한 뉴스나 다큐멘터리 채널, Ted-Ed, Khan Academy, TED x Youth, Crash Course, Ted Student Talks 등을 통해 본인의 관심 분야를 영어로 듣는다.

리딩 팁

자신이 원하는 책과 작가의 책을 읽는 단계이다. 이때부터는 특정 주제에 대해 자료를 찾고 토론하고 발표하는 훈련을 한다. Ted-Ed 같은 강연을 보며 내용을 요약하고 그것을 발표하는 훈련을 계속한다.

참고 도서

· 《공부방의 여왕》, 원영빈, 쌤앤파커스
· 《내 아이 영어 교육 이렇게 하면 끝》, 오화진, 김성윤, 넥서스
· 《생각 머리 영어 독서법》, 최근주, 라온북
· 《세상을 끌어당기는 말, 영어의 주인이 되라》, 민병철, 해냄
· 《아이표 영어》, 아이걸음, 혜다
· 《엄마표 영어 17년 보고서》, 새벽달, 청림라이프
· 《엄마표 영어책 읽기 공부법》, 이지연, 로그인
· 《영어 독서가 기적을 만든다》, 최영원, 위즈덤트리
· 《영어책 읽기의 힘》, 고광윤, 길벗
· 《우리 아이 영어 공부 어떻게 시킬까요?》, 서영은, 글로세움
· 《우리 아이 첫 영어 저는 코칭합니다》, 이혜선, 로그인
· 《처음 초등 영어 독서법》, 박소윤, 팬덤북스
· 《초등 영어 독서가 답이다》, 이상화, 푸른육아
· 《크라센의 읽기 혁명》, 스티븐 크라센, 르네상스
· 《하루 10분 내 아이를 생각하다》, 서천석, BBbooks
· 《하루 1시간 영어 독서의 힘》, 이두원, 글로세움
· 《하버드 박사의 초등 영어 학습법》, 정효경, 마리북스
· 《eBook 대한민국 죽은 영어 살리기》, 정철, 조윤커뮤니케이션

영어 실력부터 공부 자신감까지 한 번에 끌어올리는

영어책 1천 권의 힘

© 강은미 2020

1판 1쇄 2020년 8월 24일
1판 4쇄 2021년 8월 27일

지은이 강은미
펴낸이 유경민 노종한
기획마케팅 1팀 우현권 **2팀** 정세림 금슬기 최지원 현나래
기획편집 1팀 이현정 임지연 **2팀** 김형욱 박익비 **라이프팀** 박지혜
디자인 남다희 홍진기
펴낸곳 유노라이프
등록번호 제2019-000256호
주소 서울시 마포구 월드컵로20길 5, 4층
전화 02-323-7763 **팩스** 02-323-7764 **이메일** uknowbooks@naver.com

ISBN 979-11-969975-8-8 (13590)